华章心理
HZBOOKS | Psychological

错觉心理学

从理解错觉到启发创新

[英] 博・洛托（Beau Lotto）著
刘清山 译

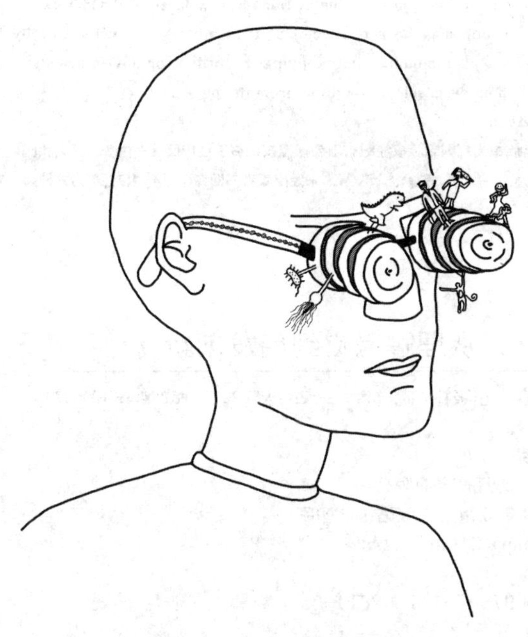

机械工业出版社
China Machine Press

图书在版编目（CIP）数据

错觉心理学：从理解错觉到启发创新 /（英）博·洛托（Beau Lotto）著；刘清山译．—北京：机械工业出版社，2019.5

书名原文：Deviate: The Science of Seeing Differently

ISBN 978-7-111-62614-5

I. 错… II. ① 博… ② 刘… III. 错觉－心理学 IV. B842.2

中国版本图书馆 CIP 数据核字（2019）第 080279 号

本书版权登记号：图字 01-2018-4371

错觉心理学：从理解错觉到启发创新

出版发行：机械工业出版社（北京市西城区百万庄大街 22 号　邮政编码：100037）
责任编辑：姜　帆
责任校对：李秋荣
印　　刷：三河市宏图印务有限公司
版　　次：2019 年 5 月第 1 版第 1 次印刷
开　　本：147mm×210mm　1/32
印　　张：10.25
书　　号：ISBN 978-7-111-62614-5
定　　价：59.00 元

凡购本书，如有缺页、倒页、脱页，由本社发行部调换
客服热线：（010）68995261　88361066　　投稿热线：（010）88379007
购书热线：（010）68326294　　读者信箱：hzjg@hzbook.com

赞　誉

Praise

本书将进化的要求和现代大脑成像技术结合在一起，可以帮助我们认识到感知是个体生存的关键。此书文笔幽默、清晰、令人愉快。我强烈推荐这本书。

——杰里·哈里森（Jerry Harrison）

“传声头像”乐队第一吉他手

偏离常规的时间到了！全世界的人似乎都被限制在了自己的道路上，他们正在失去享乐的感知，因为他们被单调的生活轨迹和琐事束缚住了。博·洛托激发了我们的冒险意识，建议我们战胜自己的感知，摆脱自身的框架。也许你是另类人士，也许你希望成为另类人士；不管怎样，本书都将使你获得自我意识！

——马里安·古德尔（Marian Goodell）

火人节共同创始人兼总裁

我们的努力是否只会为我们增加误解？我们能否接纳和引导我们对于周围世界的误解？博·洛托的这本书将混乱而不完美的人类感知能力看作对于创造性进步最为宝贵的资源。洛托讲述了对于我们的存在极为重要的知识，我们几乎不可能错过这种教诲。

——罗斯·马丁（Ross Martin）

维亚康姆营销策略和参与执行副总裁

在本书中，博·洛托对于人类感知的出色研究被总结成了一系列关于我们体验现实方式的巧妙解释。通过对于超越视觉机制的“感知生态系统”的整合，洛托对于大脑感知进化的精彩叙述得出了一个关于我们如何超越当前观察方式的独特观点……这本书非常精彩！

——汉斯－乌尔里希·奥布里斯特（Hans-Ulrich Obrist）

蛇形美术馆馆长，《采访项目》（*The Interview Project*）作者

博·洛托对于现实这一最为捉摸不定的主题进行了具有挑战性、刺激性、启迪性和神经启发性的新鲜有趣的叙述……当我们为了向所有人提供更好的环境而探索时，理论和实验神经科学可以为我们提供许多知识。

——伊恩·里奇（Ian Ritchie）

伊恩·里奇建筑师事务所主任，

世界最大独立式玻璃建筑的建筑师

博·洛托最为出色地解释了我们是多么依赖于自己对于世界的有限感知。他在本书中提出的全新命题告诉我们，现实是相对的，通过改变我们对于世界的感知，我们可以最终改变我们的世界。

——欧阿弗·埃利亚松（Oafur Eliasson）

雕塑艺术家和空间研究者，欧阿弗·埃利亚松工作室创始人

博·洛托以巧妙而纯熟的笔法逐步推翻了我们对于现实的天真想法。通过阅读这本书，我们发现，我们观察和感知现实的传统方式是不完整的，而且存在错觉。通过揭示为什么我们以目前这种方式观察世界，洛托解释了我们的错觉，并且开启了一扇新的大门——使我们重新审视我们对于现实的个体解读，并且意识到其他人一定拥有不同解读。洛托邀请我们偏离常规，鼓励我们发现这样一个事实：同情的根源可以通过科学洞察得到揭示。

——彼得·鲍曼（Peter Baumann）

橘梦乐团创始人

博·洛托是我所认识的最具创造性的科学家之一，他向公众介绍神经科学的热情使他成为像卡尔·萨根那样可以改变人们思想的少数沟通大师之一。在许多神经科学家盲目追求绘制人类大脑内部所有连接的目标时，洛托正确地认识到，

怀疑常规思想、以新的方式提出简单的问题可以推动科学进步。

——戴尔·珀维斯（Dale Purves）

杜克脑科学研究所荣誉教授，美国科学院院士

当我们构造的意义似乎总是以某种方式脱离我们所看到的现实时，神经科学家和视觉专家博·洛托讲述了如何在世界上看到和理解事物。他的讲述极为清晰明快……而且与所有塑造我们这个世界的人（包括设计师、工程师和建筑师）直接相关。

——阿伦·佩恩（Alan Penn）

伦敦大学学院建筑和城市计算教授

如果有人告诉我，现实是我们在头脑中创造出来的事物——我就会增加他的药物剂量。不过，这部精彩的作品告诉我们，上述说法其实是一条通往自由之路。我们有能力改变我们的内部环境，使我们的生活成为一部杰作，而不是一成不变的流水账。

——鲁比·瓦克斯（Ruby Wax）

英帝国勋位军官，喜剧演员、正剧演员，精神健康运动发起人，

畅销书《你想让我怎样》（*How Do You Want Me*）作者

自由地感知……

通过暴风雨……

不施加暴力……

带着勇敢的怀疑……

倾斜的自己……

献给所有不走寻常路的人。

目 录

Contents

致 谢

Acknowledgements

一切知识始于疑问。显然，疑问始于探索，生活也是如此。因此，生活的核心是行动的勇气，是虽有怀疑但却仍然迈出步伐的勇气（有时，这种行动是跳下悬崖，尽管这不是一种很好的探索）。幸运的是，没有人会独自探索（除非他想跳下悬崖）。我在这本书中进行的探索得到了其他人的勇敢支持，这些人以不同方式支撑了我的生活：我那不同寻常的母亲、帕德雷、珍妮特、我的四个疯狂姐妹，我那漂亮的小宝贝赞纳、米莎和西奥，以及我那美丽而重要的共同探索者和创造者伊莎贝尔。我还要感谢所有那些向我展示不同观察方式的人，这些人非常有趣，他们有时会和我进行对抗（抱歉），但最终还是对我起到帮助作用。他们是我的“为什么”，是我尝试自由观察的基础，是我支持其他人自由观察的动力。

我要感谢我的老师（以及其他所有老师）。我们的大部分生活是在没有我们参与的情况下发生的，因为我们的大部分感知是由其他人开启甚至传授的。对我来说，世界顶级神经科学家戴尔·珀维斯的感知（研究）尤其重要，因为他是我在科学尤其是感知科学领域思考和存在方式的开启者和培养者。他是真正意义上的导师。戴尔、理查德·格雷戈里、玛丽安·戴蒙德、约瑟夫·坎贝尔、休斯敦·史密斯、卡尔·萨根以及其他偏离常规者的行动表明，真正的科学（以及所有具有创造性和批判性的思考）是一种具有转变能力的存在方式。这些老师可以告诉我们如何观察（而不是观察什么）。因特拉克中学的施图贝尔夫人、樱桃峰小学的基尼格尔 – 维格尔夫人、马施梅洛夫人、格鲁姆先生、奥兰多先生以及其他老师，谢谢你们。我还要感谢我的核心合作者（另一种老师）：伊莎贝尔·贝恩克，她以重要方式开启、扩展和夯实了我在个人和学术方面的知识（包括智利海藻床和湖床表面的不同）；里奇·克拉克，他从一开始就是实验室活动和思想的核心；拉斯·奇特卡，他曾教我训练蜜蜂；戴夫·斯特拉德威克，他对于实验室科学教育项目的创建起到了重要作用……还有我在神经科学、计算机科学、设计、建筑、戏剧、装置艺术、音乐等方面的博士生和硕士生，包括戴维·马尔金、丹尼尔·胡尔姆、乌迪·施莱兴格和伊利亚斯·伯斯特罗姆，他们成了其他领域的专家，并在这个过程中极大地丰富了实验室以及我本人的思想。

我还要感谢认真负责的编辑莫罗、贝亚和保罗；聪明的经纪人和朋友道格·阿布拉姆斯（他在出版业的抱负和影响令人鼓舞）；重要且一直支持我的作家阿伦·舒尔曼（没有他，这个持续 20 年的项目就不会出现）。我们为了创新而共同努力，即在创造性和效率之间做出平衡（准确地说，是他们耐心地维持我的平衡。）

我还要感谢你。我们能做的最具挑战性的事情之一就是迈进不确定的世界。我将本书设计成了一个书本实验，用于分享我对感知的理解（这种理解必然带有局限性）以及我在其他人的传授和启发下获得的推测和观点，希望（我只能希望）当你读完这本书时，你所知道的事情比你现在认为自己知道的事情要少；同时，你的理解能够有所提高。在自然界，生命形式（或改变）来自失败，而不是成功。和生命类似，大脑的探索目标不是生存，而是避免死亡。因此，当一个人有意营造足够多的幻觉时，或他走过的道路足够远、足够新奇时，通过避免失败，他会自然而然地获得成功。

唯一真正的发现之旅……

（将是）拥有其他视角，

通过他人的眼睛注视世界。

——马塞尔·普鲁斯特（Marcel Proust）

前言　另类实验室

Introduction

当你睁开眼睛时，你看到的是世界的本来面目吗？我们能看到现实吗？

几千年来，人类一直在探索这个问题。从《理想国》中柏拉图洞穴墙壁上的阴影，到《黑客帝国》中墨菲斯向尼奥提供的红色药片和蓝色药片，“我们看到的事物也许并不真实”的想法一直在困扰和挑战我们。18 世纪的哲学家伊曼纽尔·康德认为，我们永远无法接触到“自在之物”，即未经过滤的客观现实。历史上的伟大思想家一遍又一遍地研究这个令人困惑的问题，他们都提出了自己的理论。现在，神经科学给出了答案。

答案是，我们无法看到现实。

世界是存在的。我们只是看不到它。我们无法感受真实的世界，因为我们的大脑不是这样进化的。这是一种悖论：你的大脑使你觉得自己的感知是客观而真实的，但是形成感知的感受过程却使你永远无法直接接触现实。我们的五种感

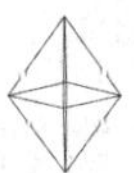

官就像计算机的键盘一样，它们提供了外部信息进入大脑的途径，但它们与我们所感知到的事物几乎没有关系。它们本质上只是机械媒介，因此对我们的感知只能起到有限的作用。实际上，考虑到神经连接的绝对数量，我们的大脑用于形成视觉的信息只有 10% 来自我们的眼睛，其余信息来自大脑的其他部位。这 90% 的信息就是本书的主要研究对象。感知不仅来自我们的五种感官，而且还来自我们的大脑用于理解外部信息的看似极为复杂的网络。利用感知神经科学，而不仅仅是神经科学，我们可以看到我们无法感知现实的原因，然后探索如何利用这种知识在工作上、爱情上、家庭中或者游戏中形成创造力和创新。就像这本书的标题描述的那样，它展示了以不同角度看待事物的方法。

不过，这些东西对你有什么意义呢？你为什么要偏离目前的感知方式呢？毕竟，我们感觉自己可以准确地看到现实……至少大多数时候是这样。显然，从我们在非洲大草原上捕猎采食的时代，到我们现在用智能手机支付账单的时代，我们的大脑感知模式为我们这个物种提供了很好的服务，使我们能够成功地穿梭于不断变化的复杂世界。我们可以寻找食物和居所，保住工作职位，建立有意义的关系。我们建设了城市，将宇航员送上了太空，创造了互联网。我们的行动一定是正确的，所以……谁在乎我们有没有看到现实呢？

> “谁在乎我们有没有看到现实呢？”

感知的重要之处在于，它支撑着我们思考、了解和相信的一切：我们的希望和梦想、我们身上穿的衣服、我们选择的职业、我们拥

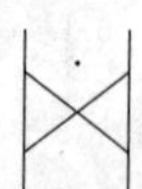

有的思想、我们信任和不信任的人。感知是苹果的味道，是海洋的气味，是春天的魅力，是城市巨大的噪声，是爱的感觉，甚至是拒绝爱的谈话。我们的自我意识是我们理解存在最重要的方式，它始于感知，终于感知。我们所有人都惧怕的死亡，与其说是身体的死亡，不如说是感知的死亡。因为“我们可以在身体死亡之后继续感知周围世界”的想法令许多人感到欣慰。这是因为，感知是我们体验生命本身的途径……甚至是我们将生命看作生命的原因。不过，大多数人并不知道感知的工作方式和原因，或者我们的大脑进化出目前这种感知方式的过程和原因。所以，人类大脑感知的进化方式具有深刻而极为个性化的意义。

我们的大脑是我们的祖先经过自然选择形成的感知反射、我们自己的反射以及我们所在文化的反射共同形成的物理体现。这些反射又受到了发展和学习机制的影响，因此我们只能看到过去有助于我们生存的事物，其他什么也看不见。我们携带着所有这些经验历史，将其投射到周围的世界上。我们的祖先以及我们自己的所有良好生存决策存在于我们身体之中（导致不良感知的机制和策略会被淘汰，这一过程每天都在持续，包括今天）。

不过，如果大脑是我们历史的体现，我们怎么能跳出过去的束缚，在未来以不同的方式生活和创造呢？幸运的是，感知神经科学，以及进化本身，为我们提供了一个解决方案。这个答案很重要，因为它将导致我们未来生活中各个方面思想和行为的创新，包括爱情和学习方面。还有比这更伟大的创新吗？

它不是一种技术。

它是一种看待事物的方式。

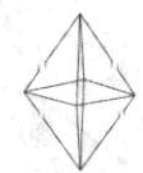

人类拥有一项天生的生成性天赋，他们可以看到自己的生活，并且通过思考感知过程影响自己的生活。我们可以认识自己的观察过程。这就是本书的基本内容：认识你的观察过程，或者说，感知你的感知。这几乎是以不同角度看待事物最重要的步骤。通过认识感知大脑的工作原理，你可以积极参与到自己的感知过程之中，从而在未来改变自己的感知。

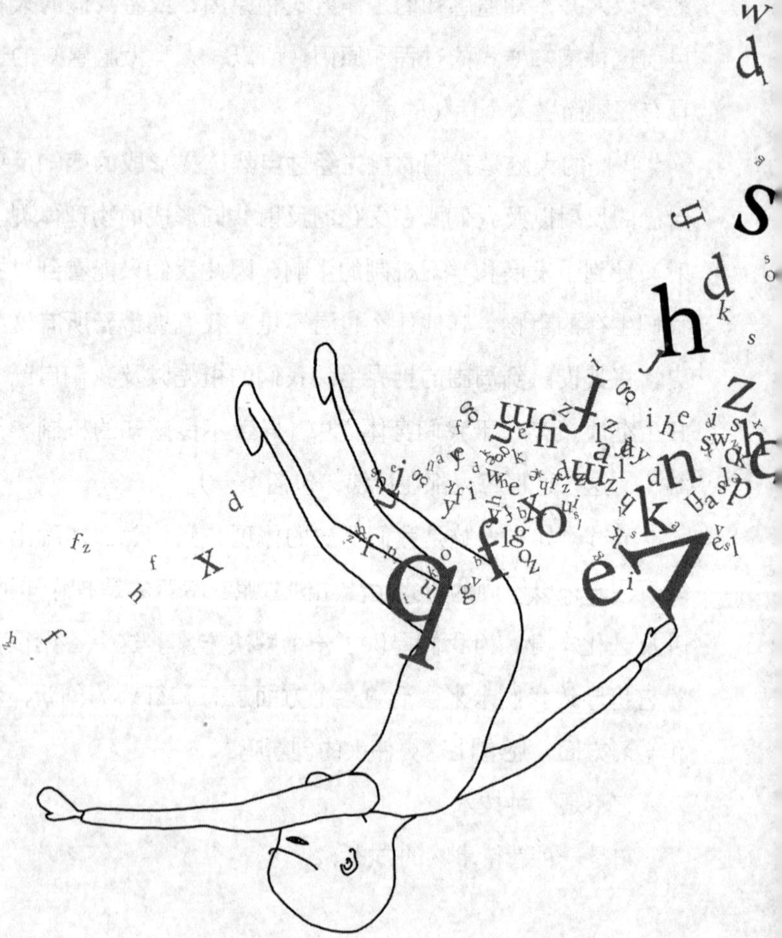

掉进兔子洞

爱丽丝跟着白兔子跳进一个洞穴，进入了一个充满奇幻色彩的世界。她的身体会变大；疯帽匠的时间永远停在下午 6 点钟；柴郡猫的笑容在空中飘浮，但你却看不见猫。爱丽丝必须适应这个奇怪的新环境，同时保持自我意识。这对任何人都不是一件容易的事情，更不要说孩子了。《爱丽丝漫游奇境记》一书强调了面对变化的环境时保持适应能力的重要性。不过，从神经科学角度看，这本书还有一个更加重要的寓意：我们所有人每时每刻都处于与爱丽丝类似的状态，我们的大脑必须处理无法预测的日常经历带来的新信息，为我们提供有用的反应，唯一的区别是，我们不需要掉进兔子洞，因为我们已经在洞里了。

在本书中，我的目标是把我在 25 年研究中发现的关于个人感知的隐秘世界呈现给你。你不需要成为所谓的“科学人”。虽然我是神经科学家，但我并不只对大脑感兴趣，因为神经科学的范围比大脑大得多。当神经科学被应用于传统上与它无关的学科时，比如化学、心理学和医学，我们可以得到巨大而难以预测的奇妙成果。广义的神经科学可以影响一切事物，包括应用程序、艺术、网页设计、时尚设计、教育、沟通甚至你最基本的个人生活。只有你能够看到你所看到的事物，因此从根本上说，感知具有个性化特点。对于大脑（及其与周围世界的关系）的理解可以影响任何事物，使你在偏离常规的道路上走得很远。

和几年前的我一样，当你开始以这种方式看待感知神经科学时，你很难仅仅停留于实验室……至少是更为常规、保守的“实验室”。

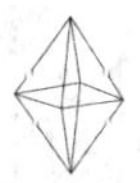

所以，10 年前，我开始把精力转到另一个方向上：为公众创造基于科学的、改变大脑的经历，即体验式实验……甚至是戏剧式实验。我在一家顶级科学博物馆的首批装置之一的主题是“爱丽丝漫游奇境记”。这个展出作品与刘易斯·卡罗尔（Lewis Carroll）奇怪而混乱的小说非常相似，它可以带领参观者经历幻觉，以挑战和丰富他们对于人类感知的看法。这个展品是我和科学家理查德·格雷戈里（Richard Gregory）共同创作的。格雷戈里是感知领域的英雄人物，塑造了我（和我们）对于感知大脑的许多观念。这件装置后来发展成了其他许多装置，所有这些装置都通过空间体验增进了我们的理解，促使我们思考自己观察事物的方式以及自身行为的原因。为实现这一目标，我创建了“另类实验室”，这是一个向所有人开放的公共场所。我在这里研究科学，因为这里是科学的“自然生境”，是欢乐而突破常规的创造力生态系统，尤其是当我们进驻伦敦科学博物馆时。

通过另类实验室，我把灵长类动物学家、舞者、编舞者、音乐家、作曲家、儿童、教师、数学家、计算机科学家、发明家、行为科学家以及神经科学家聚集在了一起。在这里，概念和原则得到了统一，创新得到了强调。在这里，我们热情地研究我们所关心的事情。我们有一个官方的“蜡笔保管员”和“顶级选手”（不是我们所知道的那种选手）。我们发表了关于非线性计算与舞蹈、蜜蜂行为与结构、视觉音乐以及植物发展进化的论文。我们创造了世界上第一个沉浸式通信应用程序，支持通过增强现实在物理空间赠送礼物，使人们重新参与世界。我们开创了一种与公众交流的新途径，叫作“神经设计”，它可以把擅长讲故事的人和理解大脑需要哪种故事的人结合在一起。我们创造了一个教育平台，其宗旨是培养勇气、同

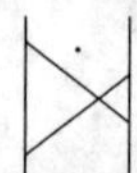

情心和创造力。这个平台不向孩子传授科学知识，而是把他们变成科学家。这个平台培养出了世界上最年轻的科学论文作者以及最年轻的 TED 演讲人。本书中的许多思想都是在“另类实验室”这个物理和概念空间里创造、实验和实现的。这意味着这本书来自所有这些另类人士、他们之间的交流以及我们与实验室外部古往今来各种另类人士之间的交流，后者更加重要。

这引出了接下来的一个重要主题：感知不是我们大脑中的一种孤立行为，而是生态系统内部某种持续过程的一部分。这里的生态系统是指事物与周围事物之间的关系以及它们的相互影响。理解漩涡不是理解水分子，而是理解水分子之间的相互作用。理解人类指的是理解我们的大脑和身体之间、其他人的大脑和身体之间以及我们与整个世界之间的相互作用。因此，生活是一种生态系统，而不是环境。生活（以及我们的感知）存在于所谓的“**相互联系**”之中。我的实验室以及我对感知的所有研究都是基于这种关联性的，它是生物以及生命本身存在的基础。

现在，我再次从头开始，将我的实验室打造成了一本书，希望它是一本愉快而另类的书，其中充满了对于常规的偏离。这给我和读者同时带来了一种危机感，因为我们需要共同质疑一些基本观念，比如我们是否能够看到现实。进入这种不确定领域绝非易事。相反，所有人的大脑对于不确定性怀有深深的恐惧，这是有原因的。改变历史上遗留下来的习惯性思维将会导致未知后果。“不知道”是一个糟糕的进化概念。如果我们的祖先由于无法确定前面的阴影是不是捕食者而停下来，他可能会遭到捕食。我们在进化中学会了预测。为什么所有恐怖电影都是在阴暗环境中拍摄的？想想你在白天和夜

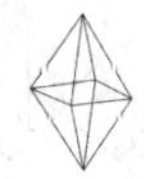

晚穿过熟悉的树林时通常具有的感觉。在晚上，你看不到周围的事物。你处于不确定状态。这很恐怖，它与我们在生活中经常遇到的“第一次”非常类似——第一次上学、第一次约会、第一次发表演讲。我们不知道自己会遇到什么情况，所以这些事情使我们的身体和大脑做出了反应。

不确定性是我们的大脑在进化过程中需要解决的问题。

> 不确定性是我们的大脑在进化过程中需要解决的问题。

解决不确定性是生物界的共同原则，因此进化、发展和学习是生物的内在任务。这是一件好事。正如你在实践中发现的那样，人生具有内在的不确定性，因为世界和组成世界的事物一直在变化。随着时间的推移，在我们的所有人生阶段，不确定性会成为一个日益迫切的问题。这是因为，当我们和我们的组织之间的联系变得日益紧密时，我们的相互依赖也在加强。当越来越多的人建立联系时，一只蝴蝶在世界某个角落扇动翅膀的动作将会更加迅速、更加强烈地影响世界各地，提高变化的节奏（这是非线性复杂系统的基本性质）。从本质上看，当世界的联系日益紧密时，它也变得更加难以预测。这为当今生活的各个方面带来了根本的挑战，包括爱情和领导关系。从社交媒体专家到网页设计师，今天许多最受追捧的工作在20年前还没有出现。一家成功的公司、一段亲密的关系、一个没有危险的环境，这些事物今天的存在并不能确保它们明天的持续存在。在充满流动性的互联世界里，你永远无法真正“不受影响”。你总会遇到一些难以预料的意外打击，比如毁掉周日下午伦敦户外烧烤计划的意外天气

变化，或者伦敦人突然发现自己生活在欧盟以外的变故。这就是我们的大脑在每时每刻的进化过程中将具有内在不确定性的事物变成确定事物的原因。宗教、政治、仇恨和种族主义等许多社会习俗和文化观念的生物动机正是通过强加的规则和严格的环境消除不确定性的，或者徒劳地试图脱离这个由于互联和运动而存在的世界。因此，这些内在观念会故意阻止我们过上更具创造性、更加热情、更具合作性、更加勇敢的生活。随着这种确定性的形成，我们失去了……自由。

在 2014 年的火人节上，我经历了一件难忘的事情，这样的事情有很多，但我在此只讲一件事。这是一个深刻而简单的例子，它说明了偏离常规是如何从根本上改变一个人的大脑的。许多人知道，火人节是每年 8 月在内华达沙漠中举办的长达一周的庆祝活动，它将艺术、音乐、舞蹈、戏剧、建筑、科技和对话结合在了一起，参与者接近 7 万人。到处都是漂亮的服饰，有时甚至是完全的裸体(常常带有人体彩绘)。这是以自由创造力为主题的城市级马戏团……想象一艘依靠车轮向前行驶的巨大海盗船……它在沙漠地表爆炸开来，并在 7 天后消失，不留下一丝痕迹……这是火人节的一个重要精神。

在节日周过半时，在一个大风天，我和我的同伴伊莎贝尔骑着自行车了解这座“城市”。沙尘打着旋涡，在我们身上和护目镜上留下一层米黄色细沙。最终，我们来到了一个营地，营地里的人来自美国中西部最南端的一座小镇。在这里，我们遇到了一个人，这里姑且称他为戴夫。这是戴夫第一次参加火人节。他说，这是他的一次“转变性”体验。起初，我对此不以为意。在火人节上发生“转

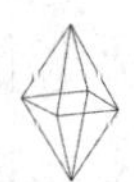

变”不仅是一种陈词滥调，而且几乎是一种外部强加给你的愿望。如果你不能在这里发生转变，那么你就有点失败。不过，什么是转变？当然，没有人知道它的真正含义，因为它对不同的人意味着不同的事情。因此，许多人在整整一周的时间里在火人节上疯狂地寻找转变的迹象，到处询问别人：“你发生转变了吗？”

不过，当我们和戴夫交谈下去的时候，我越来越意识到，他对于自身和他人的感知的确正在发生深刻的转变。他是一个计算机程序员，他所生活的地方有着基要主义宗教价值观以及对于可接受社会行为的狭隘视角。在他的镇上，如果你不能学会适应社会，你就会遭到排斥。戴夫适应了他的环境……他在火人节上的商务休闲装体现了这一点。不过，这显然限制了他的人生可能性、好奇心和想象力。不过，他现在来到了火人节现场！在这里，最重要的是参与的决定，是他参与活动的选择和意图，以及他所具有的怀疑态度。

在这个营地里，他告诉我们，插在他耳朵后面的小小的绿色塑料花（这也许是火人节历史上最平凡的装饰了）在他心中引发了极大的思想斗争。当天上午，他在帐篷里坐了两个小时，权衡是否应该佩戴这朵花。这件事迫使他面对头脑中一系列复杂的观念，关于自由表达、阳刚之气、美感以及社会监督的观念。最终，他允许自己以一朵塑料花为象征对这些假设进行了质疑，走出了帐篷。他看上去既快乐又不舒服。在我眼里，他远比那天在内华达沙漠中寻找强大事物的大多数人更加勇敢。

作为一个神经科学家，我知道他的大脑发生了变化。如果他愿意质疑他的观念，并在这个过程中创造出一个充满好奇的全新未知地带，那么他就可以获得之前无法想象的思想和行为。作为一个人，

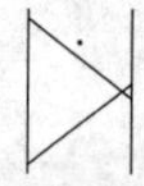

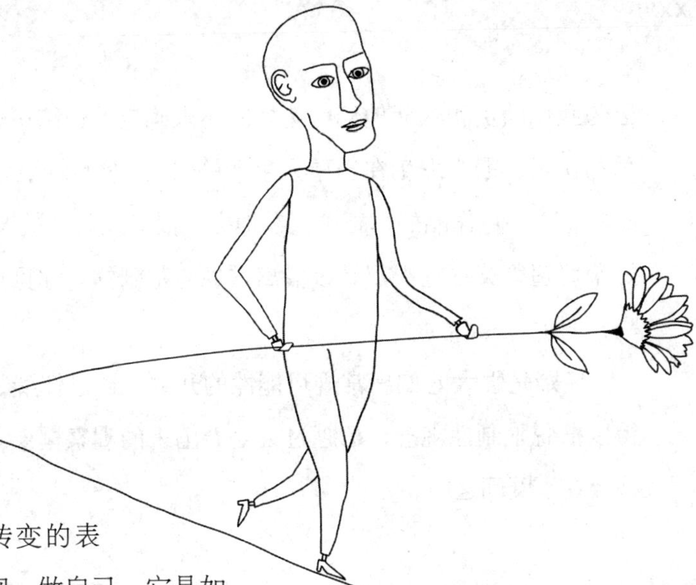

我被打动了。

这就是转变的表现：偏离常规，做自己。它是如此简单，却又如此复杂。

如果没有积极的怀疑，任何有趣的事情都不会发生。不过，我们的文化常常轻视怀疑，因为人们将它与缺乏信心的犹豫不决联系在一起，认为它是一种软弱。在这里，我要提出相反的观点。在许多情况下，像戴夫这样“以人性化的方式怀疑和行动”也许是一个人能够做到的最有力的事情。如果你勇于怀疑，你的大脑就会奖励你，因为这个过程会为你带来新的感知。要想质疑你的观念，尤其是定义我们自己的观念，你需要知道自己无法看到现实（只能看到现实在大脑中的投影），并承认这一点，接受其他人更加明智的可能性。在“偏离常规”这个基于书本的实验室里，“不知道”是受到赞美的。“偏差”（deviant）一词具有各种负面含义，但它源自动词“偏离”（deviate），这个词语意味着不选择既有道路。虽然政客喜欢强调不变的道路，但在我们的文化里，我们也会崇拜偏离常规的人，比如罗莎·帕克斯、奥斯卡·王尔德和威廉·布莱克，

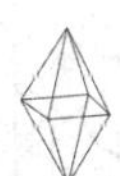

因为我们欣赏和感激他们所选择的还未确定的道路……这通常是事后的认可，很少发生在当事人生活的时代（实际上，和其他许多人一样，布莱克作品的真正价值在他去世很久以后才被人理解）。大量好莱坞超级英雄电影都是以偏离常规为基础的。你见过平庸的英雄吗?

怀疑是强大的偏离常规可能性的开端。通过怀疑，人类的大脑得以摆脱限制性观念，超越过去培养出来的观察框架。我常说，金钱存在于疑问之中。

保持幻觉

这本书将会带你走上由怀疑驱动的旅程，它将从物理上改变你的大脑。这不是自夸，而是基于事实的理解，这种理解涉及方方面面，包括思想的电传导模式以及情绪的神经元。简单的阅读就可以改变你的大脑，因为 25 年的研究使我得出了一个无可辩驳的结论：人类大脑的美妙之处在于，它具有幻觉。

我不是在谈论精神错乱。我所得到的结论涉及大脑对于可能性的想象力及其与行为之间密切的相互作用。我们所有人都可以在大脑中同时保留互相排斥的现实，并且在想象中将它们延续下去。

人类的感知非常复杂，具有许多层次，因此我们的大脑一直在响应一种不具有任何具体物理意义但却具有同等重要性的刺激：我们的思想。我们具有美妙的幻觉，因为我们的内部环境和外部环境同样具有决定性。这一点可以在神经层面得到验证：功能性磁共振（一种通过血液流动跟踪大脑活动的技术）显示，想象中的场景和现

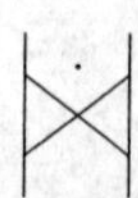

实生活中的相同场景能够以同样的方式使大脑中的某些区域发光。换句话说，思想和观念存在于我们内部。它们也是我们的历史，可以直接影响我们当前和未来的行为（后者也许更加重要）。因此，我们的感知比我们通常认为的更具可塑造性，更容易受到影响，尽管我们可能不愿意承认这一点。股市往往会在晴天上涨，在阴天下跌。因此，我们所制定的看似理性的决策实际上受到了我们没有意识到的“不可见的”感知力量的指导。

另一个例子，2014 年，另类实验室组织了第一次研究派对，我们称之为“实验”。这类活动有许多目标，其中之一是使科学研究脱离人工实验室环境，进入真实的人类环境，以提高研究质量。我们设计的环境是一场真实的社交聚会：在一个古老的地下室剧场里，人们一边吃喝，一边与陌生人交谈。举办者故意模糊了活动的性质，没有说明这是科学实验、夜总会、交互式戏剧还是歌舞表演。对参与者来说，这是一次令人难忘的经历。同时，他们也充当了体验型实验的实验对象。“实验”的目标是通过“经验性表现”发现、挑战和提升人们对于“身为人类意味着什么”的意识。我们在一次实验中具体考察了人们是否会根据自己强大与否的感知为自己分类。

宴会过后，当每个人处于饱足、放松和愉快的状态时，我们让人们做了一个简短的写作练习，以便使他们进入某种感知状态。根据我们让他们回忆的事情的不同，他们进入了高能状态、低能状态或者中等状态。这意味着他们的回忆促使他们无意识地产生了自己具有或大或小的控制力的感觉。然后，在这个东伦敦维多利亚时期某座监狱所在地的大型地下空间里，我们让他们走进一个巨大的同心圆里。接着，我们让他们聚集在位于房间两头的两盏灯下面。简

单地说，我们让他们站在“感觉和自己类似”的人旁边。这就是我们的全部指示。

接下来发生的事情不仅使我们这些科学家感到震惊，而且使宾客们也感到震惊。这些人并不知道他们在准备活动中被引导到了哪种精神状态，但他们却以 2/3 的准确率做出了符合自己精神状态的站队。这意味着每个角落里有一多半人同“与自己类似的人”站在一起。这是一个惊人的结果，原因有两点：第一，它说明参与者关于自身的简单想法强烈地改变了他们的行为；也就是说，他们的想象改变了他们的感知响应。第二，这些人通过某种途径感知到了其他人通过想象形成的感知。这个奇妙的例子说明了幻觉不仅可以影响我们的行为，而且可以影响我们相互作用的生态系统。在接下来的章节中，你将了解如何利用大脑的幻觉改进你的感知。

我希望在你的大脑里创造一个新的意义层次，它将和其他事物同样真实地影响你的感知，以及你的人生。我将在这本书的叙述中向你传授这个过程。我对这本书进行了精心的设计，你从第一页读到最后一页的过程就是看到不同的过程。通过这本书，你可以在内心体验创造力的感觉和面貌。把这本书想象成解决感知问题的软件。当你读完这本书时，你可以直接改变上下文，重新运行软件。也许，最令人鼓舞的是，你不需要获得新的知识基础。

要想开飞机，你首先需要接受飞行员训练，包括大量专业培养和实践。不过，要想偏离常规，获得新的感知，你已经拥有了基本的条件。你不需要学习观察和感知。这是你自身的一个重要组成部分，甚至是最重要的组成部分。从这种意义上说，你对于本书的主题已经有了直接的了解。此外，感知过程与你改变感知的过程是相

同的。这意味着你是你自己在个人生态系统中的飞行员。我的任务是利用大脑科学向你传授一种新的飞行方式，让你重新审视你已经知道的个人思想。

在这个过程中，我所使用的方法之一是将我关于感知的知识运用到你的阅读体验中。例如，差异和对比有利于大脑的发展，因为大脑只有通过比较才能建立关系，这也是创造感知的一个关键步骤。所以，你会发现偏离常规的设计元素，比如字体大小的变化以及一些令人困惑的画面。你还会在书中看到需要你参与的练习、测试和自我实验。（它们不会很烦琐；在一个实验中，我会让你睁开眼睛，暂时“失明”。）当我开始写作本书时，我希望挑战关于科学图书规范的观念，这是我本人向不确定性迈出的一步。这本以大脑为指导、关于创新和大脑的作品难道不是最适合进行这种挑战的地方吗？这本书在其他方面也有所不同。

在我看来，当你告诉某人一件事情时，你立即消除了他们更加深入地理解此事的可能性。当信息变成体验式理解时，它才会转化成真正的知识：我们需要通过实际行动理解它。所以，本书不会向你提供处方。这不是一本入门指南，不会提供适合具体任务的公式。相反，我会向你提供超越任何单一背景的原则。你可以根据菜谱准备一桌美味佳肴，但这并不意味着你已经成了一位伟大的厨师；它意味着你善于遵循伟大厨师的指导。这种方法也许可以暂时发挥作用，但它无法让你做出属于自己的美味佳肴，因为你并不知道这份菜谱好在哪里。理解菜谱的精妙之处是成为真正厨师的一个重要步骤。

本书可以让你获得新的意识，创造出改变的自由，从而更新你

的思想。前半部分将会探索感知本身的机制，使你重新考虑你所看到的“现实”，帮助你减少你认为自己目前拥有的知识。是的：这是我的目标，我希望你在整体上获得更多的理解而不是知识。后半部分将会向你提供在生活中偏离常规的程序和技巧，以便将这种理解付诸实践。

当你读完这本书时，我希望你能够做到一点：接受怀疑的感知力量。这本书赞美了怀疑的胆量，以及对于个人大脑的理解所导致的谦卑。这本书谈论了为什么我们具有目前的行为，如何认识到我们无法触及现实的事实可以使我们把更多事情做好。这以另一种方式解释了我写这本书的原因：我希望你也能成为一个另类的人。

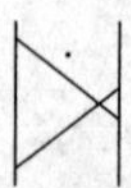

第1章 颜色的存在

当你今天早上醒来、第一次睁开眼睛的时候，你是否准确地看到了世界的本来面目？如果你的回答是否定的，让我以另一种方式来提问：你相信错觉吗？大多数人的回答是肯定的。这说明你相信，经过进化，人类的大脑可以准确地认识世界，至少大多数时候是这样，因为错觉的定义就是与世界的真实面目存在差异的印象。不过，我们并不能准确地观察世界。为什么？我们复杂的大脑之中究竟发生了什么？更准确地说，我们的大脑与世界之间发生了哪些复杂的相互作用？首先，我们必须解决一个急迫的经验性问题，以满足人类"眼见为实"的需要："我们无法看到现实"这一说法的证据在哪里？我们怎样知道自己没有看到现实？我们将从这个问题的答案入手，逐步破除我们关于感知的错误观念。

2014 年 2 月，汤博乐（Tumblr）网站上的一张照片风靡全球，

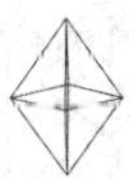

这使许多人对于“感知的主观性”这一话题产生了浓厚的兴趣。这张照片提出的关于“我们看到了什么”的问题在推特等社交媒体、电视以及暗自震惊的人们心中引发了无数疑问。你也许见过这张照片，也许没见过。如果你见过，你就会记得，这一现象是以照片本身的内容命名的，即“连衣裙现象”。

故事始于苏格兰的一场婚礼。新娘的母亲向女儿发送了一张照片，照片上是女儿即将在婚礼上穿着的连衣裙。那是一件简单的蓝色长礼服，上面带有一些黑色条纹。不过，照片本身给人的感觉并不简单。新郎和新娘对于连衣裙的颜色产生了争执，一个人认为它是带有金色条纹的白裙子，另一个人认为它是带有黑色条纹的蓝裙子。两个人在困惑之中将照片转发给了他们认识的人，包括他们的朋友、即将在婚礼上演出的音乐人凯特琳·麦克尼尔（Caitlin McNeill）。和这对新婚夫妇一样，麦克尼尔和其他乐队成员也对照片上的颜色产生了不同的看法，并且进行了争论，差点耽误了舞台演出。[1]婚礼结束后，麦克尼尔在她的汤博乐页面上发布了这张有些暗淡的照片，并且添加了文字说明：“请大家帮帮我，这条连衣裙是白金色的还是蓝黑色的？我和我的朋友产生了分歧，我们要崩溃了。”在她发布这段简短的评论后不久，这条帖子引起了许多人的关注。就像常言说的那样，这张照片“刷爆了互联网”。

接下来的一个星期，和大多数流行现象一样，“连衣裙现象”无处不在的爆炸式流行与那张引发这一现象的简单的服装照片本身获得了同样多的关注。名人们在推特上对其进行了评论和争执，红迪网上的相关帖子层出不穷，各家新闻机构也对其进行了报道。我们

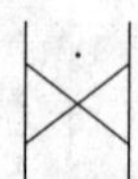

这些研究颜色的人突然接到了大量采访请求，因为每个人似乎都想知道为什么他们看到了不同的颜色。就连一向冷静的《华盛顿邮报》也刊登了有些哗众取宠的标题：《导致地球分裂的“白裙子蓝裙子”事件内幕》。[2] 在这种极度的兴奋和激烈的辩论中，人们进行了一次重要的科学讨论，准确地说，是关于感知神经科学的讨论。

在我看来，这件事有许多值得注意的地方。最重要的是，它暗示了意义是一种可塑的实体，它与我们通过感知经历不断塑造的大脑物理网络非常类似。正像我们在下面几章看到的那样，这种理解是对你过去的感知进行“重组”、以便将意料之外的思想和观点从你的大脑细胞中解放出来的关键。连衣裙的例子很好地说明了意义是如何创造意义的（正如全世界的新闻机构之所以报道一条消息，在很大程度上是因为这条消息在其他地区得到了报道，因此被认为是有意义的，这使它获得了意义），这是感觉本身的一个基本特点。另一个使我感到吃惊的事实是，人们关注的不是错觉本身，因为我们已经习惯了错觉（尽管我们看到的通常是简单的“魔术”）。真正使人感兴趣的是，不同的人在照片上看到了不同的事物。不过，我们已经熟悉了对于相同事物产生不同观念的现象。那么，此次事件的不同之处在哪里呢？答案是：这一次的主题是颜色。

当我们与另一个人讲述不同的语言时，我们会坦然接受这一事实。不过，当我的朋友、亲人以及其他人对于我所相信的现实的感知和理解在颜色这一基本层面上出现差异时，这一现象在美妙而短暂的时间里引发了关于我对周围世界观察方式的深刻的存在主义问题，这些问题在很大程度上是无意识产生的。它动摇了人们对于自

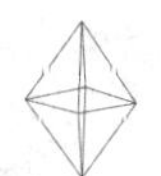

己的意识、自我和存在的某种理解基础。2月25日，在“#连衣裙”（#TheDress）话题最热的时候，演员兼作家敏迪·卡灵（Mindy Kaling）在推特上写道（这是她关于此事发布的许多情绪激动的推文之一）：“我想，我之所以对于这件连衣裙如此疯狂，是因为它挑战了我所相信的客观事实。”

这是连衣裙现象为许多人带来的关于感知和自我的难题：这个世界上有一个客观“真理”或事实，但我们无法通过大脑了解它。通过连衣裙照片，我们在我们所看到的高度主观的现实之中吃惊地发现了一些裂缝——这有点令人沮丧，至少有点令人不安。你很快就会看到，这种对于基本不确定性的简单认识是通过对感知的理解提高创造力的关键。此外，它也令人非常激动。是的，它使人感到有点疯狂，但它的确令人激动。

对我来说，这件事更加令人激动。因为我实时观察到了数百万人在理解上迈出的戏剧性的一步。不过，一些人对连衣裙现象并不关心：“是的，我这次没有看到现实，但我通常可以看到现实。”对此，我很想大声喊道：“不！你永远无法看到现实！”遗憾的是，这个重要观点从未成为连衣裙现象的核心内容，尽管科学界的一些人利用这个机会向更大范围的受众宣传了一个在其他任何文化时刻都会显得深奥而不重要的主题。例如，2015年5月，《当代生物学》（*Current Biology*）同时发表了关于连衣裙现象的三篇研究报告。一篇报告指出，连衣裙的颜色分布与“自然光”相对应，这使你的大脑更加难以对裙子表面反射出来的光线的源头进行区分（下一章会进一步讨论这一点）。另一项研究发现了大脑对于蓝颜色的处理方

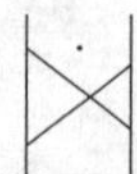

式，指出当事物“向蓝光方向偏移”时，人眼将其看作白色或灰色的概率会增长。最后一项研究调查了 1401 名参与者，57% 的人认为连衣裙是蓝黑色的，但老年人和女性将裙子看作白金色的比例要高一些。此外，在第二次观看照片时，参与者的感知有时会从白金色转变成蓝黑色，或者从蓝黑色转变成白金色。简而言之，这张火爆的照片成了推进视觉感知研究的一个理想实验对象。[3]

不过，这些答案都没有回答“人们对连衣裙的感知为什么是不同的”这一问题。

“# 连衣裙”不仅揭示了感知的工作方式，而且揭示了为什么感觉对我们如此重要。它展示了人类大脑极端违反直觉的性质。如果我们可以看到世界的真实面目，那么同样的事物看上去应该是相同的。类似地，不同的事物看上去应该是不同的……这适用于任何时候和任何人。这一观点看上去是合理而正确的，是我们可以依赖的感知功能（至少我们是这样想的）。毕竟，识别不同的光线强度是视觉大脑可以完成的最简单的任务，就连一些没有大脑的水母也能做到这一点。

不过，对于光线的感知并不像我们想象的那么简单，尽管我们每毫秒都在做这件事。几十亿个细胞及其为此而进行的相互联系证明了它的困难程度。我们依靠这种感知能力本能地制定决策，以便更好地在世界上行动。不过，连衣裙现象表明，虽然我们可以感受光线，但我们不一定能够看到光线的现实。

在下面的第一幅图中，每个圆具有不同的灰度。我们很容易感

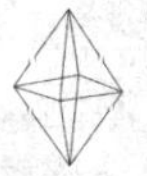

受到不同的灰度等级。不同的事物看上去应该是不同的，事实也是如此。

在第二幅图中，我们看到了两个具有相同灰度的圆。

现在看第三幅图。左边深色框里的灰圈看上去比右边白色框里的灰圈要浅。它们似乎具有两种不同的灰度。

其实不然。它们的灰度是完全相同的。

这就是客观现实——它与我们感知到的现实存在根本的区别。而且，这本书的每一位读者都会以同样的方式感知这三幅图，他们的感知与打印在纸上的物理现实之间存在同样的差距。另外，这并不是说深色背景中的事物比浅色背景中的事物看上去更浅。相反的现象同样存在：浅色背景可以使事物看上去更浅，深色背景可以使事物看上去更深。例如，第四幅图中间被四个正方形遮住的圆形区域呈现出的不同深浅度就是这样的。

不过，这个例子传达出的最有力的信息从未在得到疯传的连衣裙现象中出现过。适用于视觉的现象也适用于我们的每一种感官。人们意识到的视力的主观性也适用于他们大脑中的“现实”的其他方面：听觉、触觉、味觉、嗅觉也存在幻觉。

关于触觉感知和现实之间存在“鸿沟”的一个著名例子叫作“橡胶手错觉”。在这个恶作剧中，一个人坐在桌子前，一只手放在面前，另一只手放在隔板后面看不见的地方。“实验者”将一只假手放在这个人面前，代替看不见的手，看上去就像这个人把两只手放在

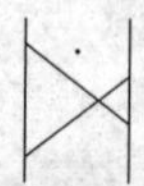

桌子上一样，但是其中一只手并不是他的（他当然知道这一点）。接着，“实验者”开始同时轻触隐藏起来的真手和可以看见的假手的手指。果然，受试者立即开始认同假手，就像它是自己的手一样。他觉得轻微的触觉不是来自隔板后面，而是来自假手。他突然感觉假手与自己是相连的。从感知的角度说，这只手变成了真手！

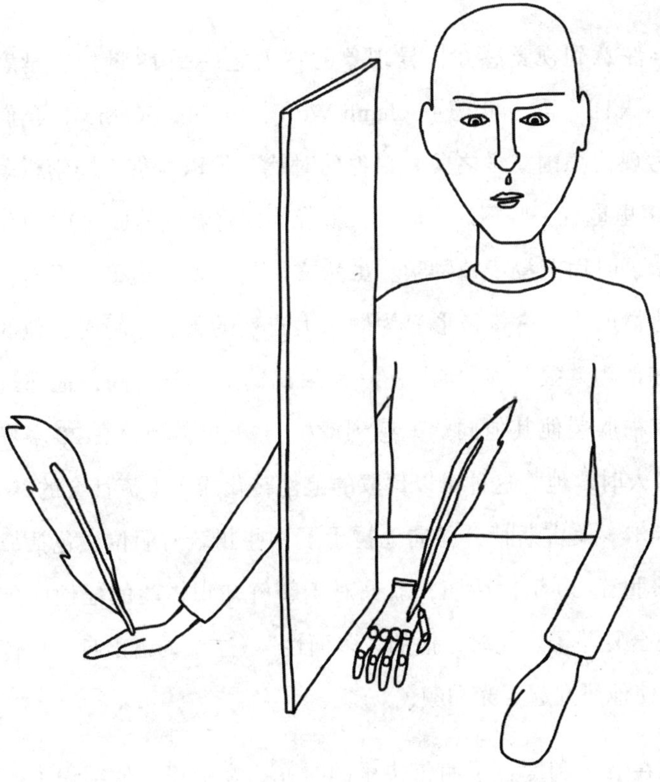

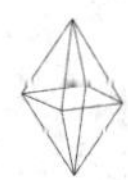

橡胶手错觉属于“身体转移”。不过，由于我们的大脑在处理现实时不是将其直接呈现给我们，因此，我们也会获得其他一些稍微有些迷幻的感觉“混乱”。例如，研究人员指出，我们可以听到“幽灵词语”。在倾听毫无意义的声音时，我们的大脑会挑选出音频中不存在的看似清晰的词语。此外，还有“理发店错觉”：当剪刀录音的音量变大或变小时，虽然声音并未改变位置，但是人们会感觉声音在靠近或远离自己。还可以考虑另一个常见的经历：当你坐在静止的汽车或飞机里时，如果旁边的汽车或飞机开始移动，你最初会认为自己在移动。类似这样的现象还有很多。

最早注意到视觉感知怪异现象的古人之一是18世纪文学家约翰·沃尔夫冈·冯·歌德（Johann Wolfgang von Goethe），我们今天称之为现代德国文学之父。在他的时代，他以涉猎不同学科著称（这种名声里也有一些不好的成分，就像你即将看到的那样），时而研究骨骼学，时而沉浸于植物学。虽然文学是歌德的最爱，但他首先是一个热情的人，常常被形容为融入大自然的人。年轻时，他的朋友甚至称他为“狼”和“熊”。[4]（在莱比锡上大学期间，他那过时的法兰克福服装使其他同龄人感到滑稽。）不过，当他在20多岁成为文学名人时，他将这种难以驾驭的狼性转化成了上流社会的魅力。不久，卡尔·奥古斯特公爵向他授予了一些州政府职位，包括战争部长。18世纪80年代后期，歌德对于新鲜知识体验的任性而鲁莽的渴望完全复苏了。此时，他的“多面性”（这个词语出自一位传记作家）促使他研究起了光和颜色。

歌德在意大利度过了两年快乐的时光。在那里，他结识了德国

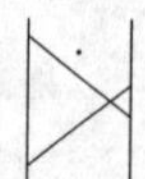

画家约翰·海因里希·威廉·蒂施拜因（Johann Heinrich Wilhelm Tischbein），并且探索了自己的美术天赋。他最终承认自己毫无美术才能，但他在回到德国时重新燃起了对于艺术家希望捕捉到的自然世界的兴趣。他在一篇未出版的散文中写道："如果一个人熟悉大自然的秘密带给人类的魅力，那么当他听说我退出了此前一直在限制我的文学圈时，他将不会感到奇怪。人们可能会批评我，说我从思考和描述人心转向大自然的行为一定是一种矛盾。我并不惧怕这种批评，因为人们会认识到，一切事物之间存在内在的联系，勇于探索的头脑不愿意失去研究任何可以获得的知识的权利。"

这项宣言引出了历史上最具传奇色彩的故事之一：一位文学家闯进了科学殿堂，引发了灾难性后果。有人说，这是纯文学作家对于自己存在正当误解的领域进行的不幸但却有价值的诗意冒险；有人说，这是一个人对于不属于自己的领域进行的傲慢、任性、顽固的涉猎。事实上，两种观点都说对了一部分。歌德热情的生活方式不太适合处理冰冷的科学事实，但在他的科学探索中，他那善于发现的作家眼光的确在他灵光一闪的时刻起到了关键作用，尽管这是一种错误的发现。[5]

对光学产生兴趣的歌德借来了一个棱镜，以检验牛顿将白色光线折射成各种颜色成分的开创性工作。放在今天，这项工作可能会使牛顿获得诺贝尔奖。[6]歌德希望将整个光谱投射到家里的墙壁上，但他在实验中出了差错，而且对实验背后的理论知之甚少，因此他一无所获，墙壁上仍然是一片空白。对此，他迅速得出了结论："牛顿的理论是错误的！"

他强烈相信当代科学对于光线的理解严重偏离了正轨，因此辞去了外交工作，投身于物理学之中。当时的科学家嘲笑他，文学家和贵族则给他打气，他们相信诗人心中的野狼可以将牛顿赶下神坛。哥达公爵向他提供了一个实验室；一位王子向他赠送了来自国外的新式优质棱镜。接着，在 1792 年，歌德在研究过程中注意到，白光可以生成彩色阴影。类似地，根据光线通过的半透明介质的不同，彩色光线的颜色会发生变化。黄色光线在通过不透明介质时会逐渐变成红宝石色。这似乎同样违反了牛顿用于解释光线的物理定律，这种矛盾使他对于牛顿解释现实的理论产生了更大的怀疑。因此，他将关注点集中到了这个问题上，对颜色和感知进行了 20 年的潜心研究。

在《少年维特之烦恼》这种描写年轻人单恋故事的激动人心的作品中，歌德证明了自己是一位洞察人心的诗人。所以，在研究颜色时，他最初没能完全跳出自己的感知陷阱，认识到颜色分离发生在人脑之中。这并不令人吃惊。和我们大多数人一样，他理所当然地认为自己看到了现实；毕竟，他那充满智慧的头脑使他在写作中如此清晰地“看到”了人类的现实，而感知从概念发展成一门科学更是一个多世纪以后的事情了。不过，他很快放弃了“看似不匹配的颜色源自科学目前无法解释的光线物理特性”的想法。相反，他逐渐意识到，某些阴影表现出的颜色是人类感知与环境相互作用的结果——它不是世界之谜，而是大脑之谜。[7]不过，歌德只能对于自己大脑内部这种奇怪现象背后的原因进行无用的探索，因此他详细记录了他所观察到的所有光线现象。

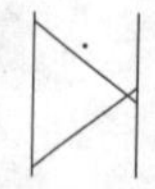

歌德全身心地投入到了对于颜色的探索之中。1810 年，他将自己的研究写成了一本厚书，叫作《色彩理论》（*Theory of Color*）。这本书的“科学”部分已经被人遗忘了很久，尤其是他对牛顿的攻击。另一方面，歌德这部分类作品引发了热烈的哲学讨论，使维特根斯坦写下了《色彩评论》（*Remarks on Color*），使叔本华写下了《论视觉与色彩》（*On Vision and Colors*）。不过，和歌德的其他作品一样，这本描述色彩的百科全书式作品今天读来仍然充满诗意，令人愉悦：“这些颜色像呼吸一样通过钢板。看起来，它们似乎是在争先恐后地飞行；事实上，每一种连续色彩都是由前一种色彩不断生成的。”[8]他的好奇心是我们今天仍然可以学习的宝贵品质。歌德在人生中对于色彩的痴迷也许可以解释他的著作《浮士德》中那句著名台词的来源，当时魔鬼的替身梅菲斯特对他那个容易堕落的学生说道：“年轻的朋友，所有理论都是灰色的。”[9]

我们现在应该花一点时间谈一谈歌德在 18 世纪和 19 世纪之交写作《色彩理论》时使用的“现实”一词。当时是启蒙运动的全盛时期。在革命性的启蒙运动中，西方社会用它们刚刚形成的对于人类理性的信念取代了中世纪的迷信。如果“人”是以理性为重要特点的存在，那么“理性的必要条件——感知——会阻止人类准确看到现实”的说法难道不是一种矛盾吗？人类正在利用政治理论、刑法和数学证明迅速征服他们的时间和空间，所以，在现实中做出如此重大改变的人类大脑怎么会看不到现实呢？从根本上说，歌德对于色彩进行的光荣而无聊的研究工作最重要的启示不在于他本人（尽管这显然揭示了他的许多特点），而是在于那个对于大脑知之甚少

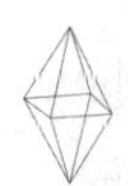

的时代的主流观念——这种关于“看到现实”的观念在两个世纪后的“连衣裙事件”中使网上的许多人变得兴奋起来。这是因为，在对感知的理解上，正确的观念是强烈违反直觉的。

包括许多神经科学家、心理学家和认知科学家在内的大多数人认为，我们可以准确看到世界的现实。我们怎么会看不到现实呢？乍一“看”，相反的观点是非常糟糕的。不过，“我们可以看到现实”这一符合逻辑的前提并没有考虑到关于生态系统以及我们的大脑在生态系统中运转方式的基本事实，因此忽略了一个重要事实：我们的大脑不是这样进化的。那么，我们的大脑是为了什么而进化的呢？答案是，它们的进化是为了生存。

下面是一个有助于理解的重要细节：虽然你的大脑无法感知现实，但你的感官在任何方面都不“弱小”。人脑是由我们这个星球上最严格、最详细的研究、开发和产品测试程序——进化（以及随之而来的发展和学习）——塑造而成的。因此，灰色圆圈实验不是为了展示欺骗感官有多么容易。事实恰恰相反（我们要到第 4 章才会讨论为什么你所看到的幻象并不是幻象）。现在，你可以大胆地相信，进化（以及发展和学习）不会产生脆弱的系统，这就是为什么你可以改变自己的感知方式，因为“脆弱”并不等同于“可塑性”和“适应性”。进化的“目标”是获得适应性、稳健性和可发展性。人类物种是这个过程发挥作用的一个绝佳案例。这意味着当你观察周围的世界时，你在使用数百万年的历史。

所以，你的进化不是为了看到现实……而是为了生存。准确看

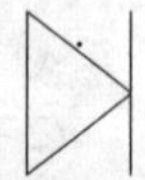

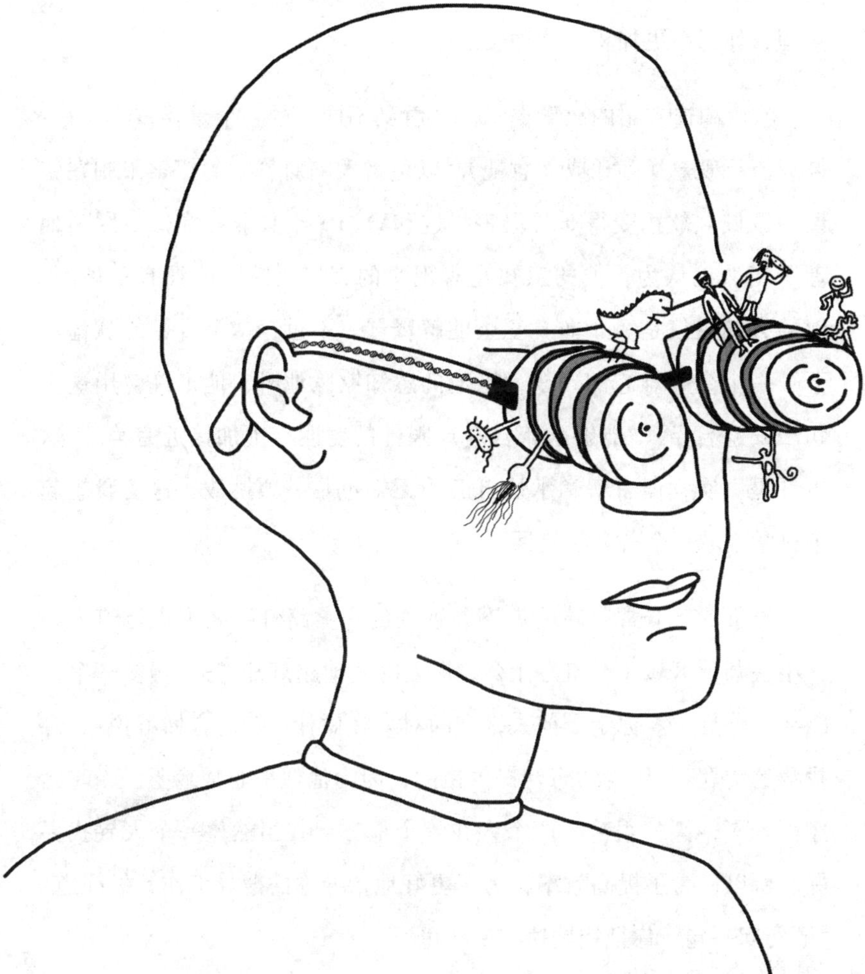

到现实并不是生存的必要条件。实际上，它甚至是生存的阻碍。如果没有这个关于感知的基本前提，你就会停留在古老的观察方式之中，因为如果你用错误的假设解决问题，那么不管你是否更加接近真理，你都会更加相信这种假设。

歌德和连衣裙的故事揭示了“看到不同”的一个重要核心元素：挑战流行观念（有意或无意地），以免将大脑对答案的探索限制在错误的区域。歌德变得非常沮丧，这和敏迪·卡灵非常类似，因为他理所当然地认为，他的感知是对现实的直接反映。他没有意识到，他的大脑仅仅是一个非常复杂的解释器。不过，文笔睿智的歌德写下了一个令人难忘的句子，当他的感知欺骗他时，他也许曾用这个句子安慰自己：“能够承认自身局限性的聪明人更加接近完美。”这也许是真实，但了解和承认自己的无知也是一项挑战。这使我想起了科学领域一个著名的笑话。

想象一条非常阴暗的街道。远处的一盏路灯照亮了人行道上的一小块圆形区域（不知为什么，街上的其他路灯都熄灭了）。一个人趴在了路灯下。你走上前去，询问对方在做什么。对方回答说：“寻找我的钥匙。”你自然想要提供帮助，因为他似乎非常绝望。当时已经很晚了，天气很冷，两个人在一个地方寻找当然比一个人寻找要好。所以，为了提高效率，为了更好地指导你的搜寻工作，你问道：“顺便问一句，你把钥匙掉在了哪里？”

对方指着你身后一百米的黑暗之处，回答说：“我把钥匙掉在了那边。”

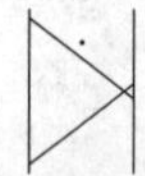

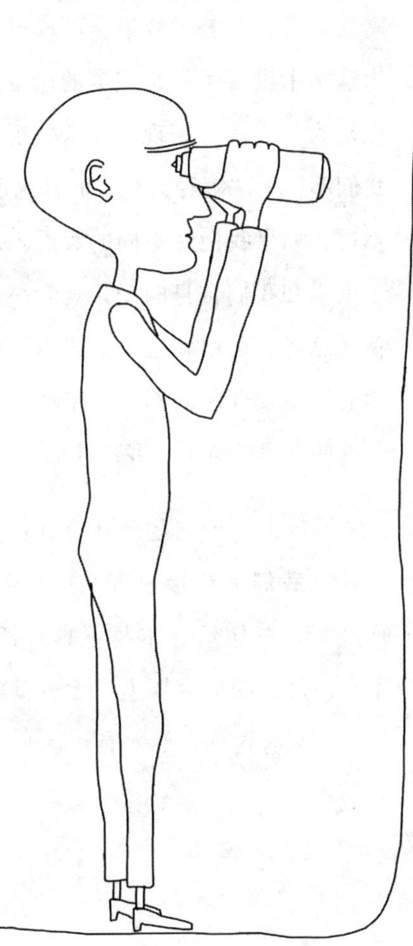

“那么，你怎么会在这里寻找呢？”你问道。

“因为我只能看清这里的路面！”

我们的假设创造出了让我们看到不同（或者无法看到不同）的光线，这取决于我们多么强烈地拒绝探索黑暗之处，那里可能隐藏着打开新世界的钥匙。这就是我如此喜爱这个故事的原因。它是一个寓言，是一个警示故事，可以迫使你思考自己观察事物的方式。它为这本书设置了一个完美的出发点。如果我们试图根据“我们的进化是为了准确看到现实”这一观念“破译”感知的工作原理，那么我们不仅无法解释大脑，而且永远无法以更加直接的方式看到不同。不过，如果我们从不同的假设出发……即使这个假设强烈挑战了关于世界和我们自身的个人观念……那么这本书就可以为你带来一种新的思考、观察和感知方式。重要的是，我们的新观念基于神经科学的惊人发现，而不是基于哪些感觉真实或不真实的成见。只有接受这些奇怪的事实，我们才能进入感知的新世界。

不过，一个问题依然存在：如果我们的大脑经过了高度进化，为什么我们无法接触现实？我会在下一章回答这个问题。我会向你展示，一切信息本身不具有任何意义，包括你所阅读的这些文字。由此，我们会探索“无法偏离常规和看到不同”背后的大脑机制……只有这样，你才能开始感知新的可能。

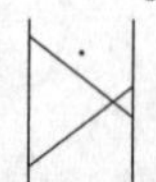

第2章 信息是无意义的

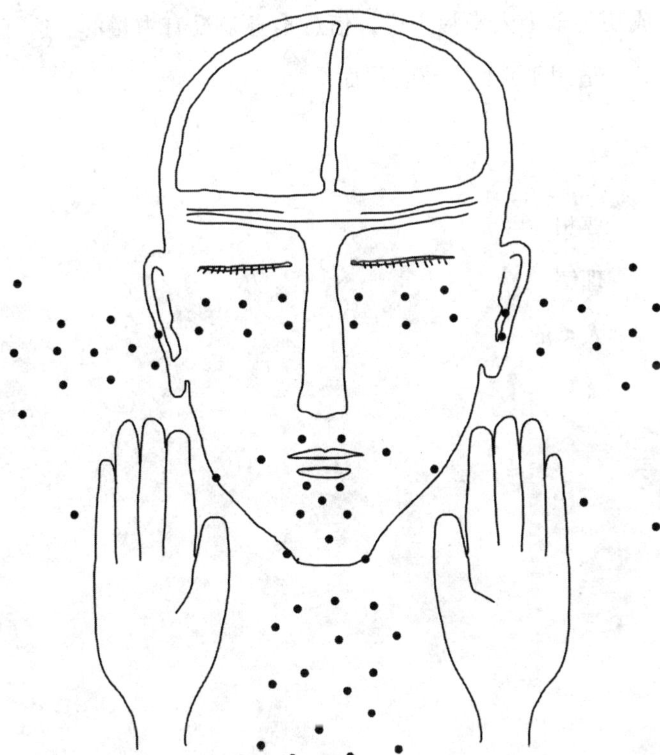

我们生活在维基时代。即使是在听上去颇具未来气息的2001年，即互联网开始重塑人类生活的时候，也没有人能够想象到信息会以今天这种方式自由流动和增长。当我们和朋友在饭桌上争论一件事情时，我们会掏出手机，在几秒的时间里解决问题。我们不会迷路，因为在这个拥有全球定位系统的时代，你很难迷路。我们的社交网络远远超出了我们真正认识的（甚至愿意认识的）人群范围。信息弥漫在周围，我们如饥似渴地吸收着每个以太字节为单位的信息……定位每一条街道，收藏每一条推特信息，用手机捕捉每一个流逝的瞬间。理性时代的人们已经进入了全新的数字时代。这张前所未有的、不断扩张的数据之网改变了我们的日常生活，但是只有很小的一部分数据能够转变成新的理解。这是因为，对于创造力、成功甚至个人幸福来说，信息本身是没有力量的。这甚至，或者尤其，适用于我们的感官层面。

要想

理解

人类的

感知，

你

必须

首先

明白，

一切

信息

本身

是

没有意义的。

这件事的原因很简单：从世界投射到我们不同感官的信息可以表示任何事情。这些信息只不过是能量或分子而已。进入眼睛的光子、通过空气传入耳朵的振动、在皮肤表面形成摩擦的分子键断裂、落在舌头上的化学物质、进入鼻子的化合物，它们仅仅是某种形式的电能或化学能。这就是我们的物理世界，即真正的现实本身，散发出的元素。不过，我们无法直接接触这能量源，只能接触到它们所产生的能量波和化学成分。我们感知的是事物的变化，而不是事物本身。直接接触“事物”是没有用的，因为孤立的事物不具有任何意义……就像一个水分子无法使我们了解漩涡一样。信息本身没有使用说明书。

相反，我们感知到的“现实”是你的大脑接收到的无意义信息的意义……是你的生态系统赋予它的意义。我们必须认识到，事物的意义并不等同于事物本身。换句话说，感知与读诗很相似：你需要解释它的含义，因为它可以表示任何事情。

Y U
MA E
TH
EANI G

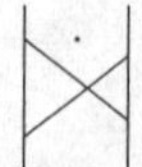

你通过与世界（即你的生态系统）的相互作用来获取意义，这既适用于交通信号灯的颜色，也适用于你在街上遇到的陌生人的微笑（或皱眉）。你的大脑是一个极为迅速和熟练的意义解释器：某种光线意味着某种表面颜色，某种气味意味着某种食物，某种声音意味着某个人，某种触觉意味着某种情绪，某种场景意味着某个地方。不过，请注意，物体表面本身并没有颜色。当我们看到红色时，我们看到的是我们过去对于意义的解读。这种感知使我们觉得具有多个层次的现实在投射到我们的感官时已经具有了内在意义。事实上，现实本身没有任何事先确定的意义。同样的道理，任何意义都不是没有意义的……只有原始信息是没有意义的。现在，让我们了解为什么信息是没有意义的，为什么我们的物种（以及任何生命系统）进化出的大脑不是直接呈现世界，而是创造出对于世界的感知。

根据18世纪爱尔兰哲学家和圣公会主教乔治·贝克莱（George Berkeley）的说法，现实只是“刻印在感官上的……思想。”[10]这种说法是否正确？

贝克莱出生于1685年，是一位形而上学家和宗教人士。不过，从历史的角度看，我们可以将他视作神经科学诞生之前的理论神经科学家。他是早期启蒙运动的产物，是一位思想家。对他来说，信仰和科学并不冲突。批判理性是他信仰上帝的工具而不是阻碍。不过，由于他所痴迷的关于人类感知的分裂性观点，他从未获得尼采和黑格尔那样的历史地位。不过，贝克莱对于人类思想的洞察是深刻的，他的人生勤勉而高贵。除了他在哲学和神学上的工作，他还参与了社会工作，确立了一些帮助儿童和流浪者的项目，同失业进

行了抗争，支持了当地工匠，并且种植了桃金娘和亚麻。正如一位传记作者所说，贝克莱是一位“平易近人的主教”。[11]

贝克莱持续一生的哲学工作是对主观唯心主义或经验唯心主义的热情辩护。主观唯心主义认为，事物仅仅以思想活动的形式存在。在贝克莱的时代，大多数人认为大脑是一个单独的成品实体，不会受到它与自身和外部世界相互作用的塑造和重塑。不过，贝克莱在作品中论述了自己关于人类大脑感知内容的观点，这种观点完全来自直觉，不仅以精神为中心，而且具有本能的科学性。

《人类知识原理》(*A Treatise Concerning the Principles of Human Knowledge*) 是贝克莱最有名的作品之一。在这部作品中，他记录了自己关于感知的观点。“人们普遍具有一种奇怪的观点：房屋、山峦、河流乃至一切可以感知的物体都具有一个自然或真实的存在，这种存在与人们通过理解感知到的它们的存在是不同的。不过，如果我没说错的话，不管这个世界多么强烈地相信或默认这个原则，任何在心中对它产生怀疑的人可能都会感觉到，这个原则引出了一个明显的矛盾。因为，如果上述事物不是我们感知到的事物，它们又是什么呢？除了我们自己的思想或感觉，我们又能感知到什么呢？(and what do we PERCEIVE BESIDES OUR OWN INDAS OR SENSATIONS)”上面最后一句话中使用了大写字母，以示强调，看上去像是某个过分热情的朋友发来的电子邮件或短信。不过，三百年后，我们知道贝克莱的观点是正确的：我们无法看到现实，只能看到我们的大脑通过“中间地带”的投影提供给我们的东西。

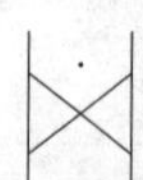

贝克莱走得比神经科学还要远，认为任何事物都无法拥有“独立于和脱离于大脑的存在”。作为对于人类主观感知的比喻，这种说法提供了一个引人注目的讨论框架，因为我们只能通过大脑（和身体）的解读来体验自己以外一切事物的存在。不过，就其本身来说，贝克莱的“非物质论”是错误的，因为不管我们是否感知世界，世界显然都是存在的。当森林中的一棵树倒下时，它的确以振动的形式向空气中释放了能量。然而，如果没有任何人或任何动物的倾听，这种空气能量状态的转变就不会产生“声音”，尽管它的确具有客观的物理影响。不过，如果通过现代神经科学工具修改贝克莱超前于时代的思想，我们就可以发现我们无法接触到现实的四个原因。

1. 我们无法感知到一切可以感知的事物

我们的感知就像位于移动房屋里面一样（我承认这不是一个很有吸引力的比喻，但它在这里是有用的）。我们的感官是家里的窗户。我们有五种感官：视觉器官、嗅觉器官、听觉器官、触觉器官和味觉器官。我们可以通过每个窗户获得来自世界的不同种类的信息（即能量）。重要的是，我们永远不能走下拖车，尽管我们可以移动拖车。当我们移动拖车时，我们仍然会受到窗户的限制。所以，显而易见的是，我们感受周围世界的能力存在局限性。你可能会吃惊地发现，这些感官窗口比你想象的要小。

让我们考虑光线。光线是人眼可以看见的狭窄的电磁波辐射范

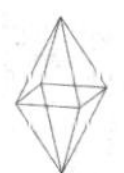

围；它只是电磁波频谱的一部分。光线有许多性质，其中之一就是频谱范围。我们所看到的光线具有人类视网膜和视觉皮质能够感受到的波长（频率）。我们无法看到紫外线和红外线。在世界上的电磁波辐射频谱中，我们只能感受到很小的一部分。夜视镜等新技术正在“拓宽”我们的感受范围，但它们无法改变我们的生物特征。相比之下，其他生物物种具有更加先进的技术，它们感受到的光线范围比人类大得多。

驯鹿以独特的鼻子著称，但它们的眼睛才是最迷人的部位。虽然驯鹿无法拉着圣诞老人的雪橇飞越夜空，但它们的确进化出了一种超越人类的能力：它们可以看到紫外线。为什么驯鹿具有这种优势？这与它们所在的极地荒凉环境的严酷生存逻辑有关。如果能够感受到哪些物体表面反射紫外线，它们就可以感受到哪些物体表面不反射紫外线。地衣是驯鹿的一种主要食物，它不会反射紫外线。所以，在这里，真正起作用的是食物。[12]

驯鹿的紫外线视觉实际上是定位食物的寻的装备，类似于寻血猎犬高度发达的嗅觉。除了驯鹿，昆虫、鸟类和鱼类也具有远超人类的视觉。例如，大黄蜂拥有极为复杂的彩色视觉系统，可以感受到紫外线辐射。有趣的是，在花朵进化出色素之前，大黄蜂已经进化出了看到色彩的能力，这意味着花朵之所以进化成现在的样子，是为了变得“美丽”，以吸引蜜蜂。和我们整体上以人类为中心的世界观不同，花朵的存在不是为了人类，不是为了让那些住在湖区丘陵地带的英国浪漫诗人获得灵感。它们之所以进化出颜色和花纹，是为了吸引其他生物，而不是为了吸引我们。还有鸟类，它们视网

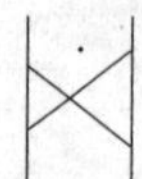

膜上颜色感受器的数量是人类的两倍。和它们相比，我们的颜色感受能力极为逊色。

频谱范围并不是唯一一种我们无法充分感受到的光线性质。光线还具有一种方向性质，叫作极化。所有的光线要么是极化光线（能量负荷的振动波位于一个平面上），要么是非极化光线（振动位于多个平面上）。你和我无法感受到极化现象，尽管你可以用极化太阳镜挡住反射的水平波，允许垂直波通过，从而降低强光对眼睛的伤害。不过，许多动物可以感受到光线的极化。以口足目动物虾蛄为例。

虾蛄是一种在浅水中生活的奇特的甲壳动物，它的身上长有龙虾尾，眼睛在柄状结构上摆动。它拥有科学家已知的最复杂的眼睛。它拥有将 8 个通道协调在一起的视觉，一些人称之为“立体视觉”。不过，它那惊人的视觉能力还不止于此。[13] 虾蛄拥有 16 种视觉色素——将光线转变成电能，供大脑中的神经感受器接收的物质——人类则只有 3 种。在你死我活的水下世界里，生物的外表具有致命的欺骗性，因此这种高度发达的感官使虾蛄在捕猎时（或被捕猎时）获得了一种优势。鸟类也可以感受极化，这使它们可以看到天空的电磁结构，而不仅仅是不同明暗度的蓝色。当它们在天空中飞翔时，鸟类（大概）可以看到根据太阳与自身位置所成角度的不同而不断变化的许多模式。它们可以根据这些模式确定方向，因为天空的结构会随着太阳角度的变化而变化。鸟类利用这种信息决定接下来往哪儿飞。换句话说，在确定道路时，鸟类常常向上看，而不是向下看。

所以，请想象自己通过鸟儿的感知观察世界。当我们抬头仰望

晴朗无云的天空时，我们只能看到均匀的蓝色。不过，对鸟类和蜜蜂来说，我们所看到的美丽无云的蓝色天空永远不是均匀的。它们可以看到不断变化的复杂模式，看到由形状和结构组成的有意义的导航景观。这种景观在它们的感知之中具有怎样的形式？它们到底看到了什么？试图“设想”这幅画面是徒劳的，因为这是一种完全不同的感知现实，就像没有眼睛的人想象颜色一样。这是一个惊人的事实！

回到我们关于移动房屋的比喻上。我们的视觉窗口很小，就像微型舷窗一样。其他物种则具有整整一面墙的视觉窗口，就像落地窗一样。当然，这也适用于其他感官。毕竟，如果狗哨不是我们无法感受到的另一层现实，它还能是什么呢？

我们和其他动物之间的差异并不意味着我们为了感知较少的事物而得到了较少的进化。它仅仅意味着我们在进化中自然地选择了不同的生存策略。我们人类拥有著名的对生拇指，这个偶然的进化优势对于人类的繁荣起到了帮助作用。没有拇指的虾蛄也可以快乐地生活，因为它们的进化环境要求它们具有一系列不同的特点。

重要的是：在移动房屋里，我们只能得到我们的感官通过具有内在局限性的窗口向我们提供的信息。虽然能量是现实的，但它并不是事物、距离等现实，尽管它是由这个物理世界的一部分发出的。这仅仅是信息没有意义的第一个原因。

Pa qui dolupta turehent quos quae ped most, sita ad qui nulliat optatur ad moleni doluptas con et litas erum hilla doloreprem desed ulparum, sinum latempo remquundi consenet et aboriatendae lantur sust, eum qui dolecta spient aperum, num fugia ellant elendam corest quae. Hita cus dis sinto ea perchitio. Et ut alictotas a nonseque natectet et, aut ut autem quaecae. Ut qui offici sam eum eum quo explantia quia conseque doluptatem de vid maiorum fugitae. Ga. Et verias dunt. Lore quia natur adistempe recaborrum veliqui temporunt occupici odi recaborrum veliqui temporunt occupici odi recaborrum veliqui temporunt occupici odi recaborrum veliqui temporunt occupici odi cus. Pis sit omni ut autecat am ad maximoditae sunt deria volupide num re exerum quistin core diatemque voluptate nonsequi demodicium rem et dolorro vidella vel ercipisciis ra dolesti busapelit re, quat. Aquatur, niate comnime nimpore pelestium quia nullitisque volupta tiorem hitaquae saestia turios apellab ipidesed que cum as sim que nectempor am quati nosapitaquis quunt ariae. Itatem il eume nonseque sin recaborrum veliqui temporunt occupici odi tecte magnam fuga. Ita corrum re sum harchic aboribea volessin pera sim quia et quo est voluptat. Eremque pa corem volum acientium veniate molorporem. To ium ipsapid ullit ut faccab il et fugitaque nonestrundis ut vendis maio. Acimporerum hil molor mo el moluptur sunt et eosaeratur? Tem ex eritiat qui arionse quatenditae quunt fugitatur adiciis ditinciis voles si corernation et ad quiaect otasperehent is doloratet harum ipsum int, nonsectem explibeat expellitati dolorepudae cuscidunt ut veligendae con con niendae vitat autem quia natus am res sum ant voluptat accus, optus eate re latur? Quiatia volo qui sequi officiliquam et, venimin pra vel mi, auta expliat iorpos sit faccum aces excerunt, quid mossitio. Net et ex et officit et uta denimen debit, sunt aut im ipsam duscidus rehente mporunt quasitibus quodi bla ditius, occuptatur? Ibus nonsecea volum volupta dictur as aut repudae ut faccabor alit raersped quist, con demo et dolent eos reped magmoluptaecum am quae era dolupit liquo vernatum atem quod eat-Alitis et a poreseq uident aprepelest qui omniatecto tem et nulluptiusam ad et prehenditiis voluptates volecernam qui des eumendis magnate mpereped iameniet ad ex eum, int, eicia vocore destio. Harum expereh enihil verovidenem reprovid et dolut velestion pa quam hit omnihitatia El ipsa aspitat uresectatias cume conseditae preptatium quate nos doluptium et, optas prempos dodolendisque voluptiis dolesciatis idunt exerit hillab inti dolum que vo-

我们的视觉窗口很狭窄，就像微型舷窗一样

minctotaeped quiam libus sed ut acit expliqu odipiet adita dolorem eum nates venis simaxim usandebis eatio veniscipsam quissimusdam qui aut atent. lorem ipsum vanda a vandalio erovitibus eium ut aboritionse harion re, quisquunt esed ut que atecerit eum asped quias esectusda simenis dolor alit que nonescipit mo imin premque que nonsequ lupitae vel et volupti blam num, mo dolupta nihicab orerum utemo et, quatin corporro et laut fugia same corum eosam ellorpo ribus. deliquo disquaestio. Nam eturehenia reprem ipsam voluptatium rerat isiti luptatem eos consero te posam et ut unt di torum in explia nam aut imus luptatio. Itat vendit officipsam quam utent volla sequi dolupti beaqui nempore se modi delesti ssimpero blatis verspe apidel esciiscient a quam et eum dem et exeriti adit hitium soluptur, sinus, omnis volorernatus et ditat illaboriae ped eos asit autem quam ent, cum qui voluptatur, te solum quo tem quo dior repudiorerum natiam, qui ipsum sectatur, quiat mos si simodit perum inti ut essustiur, occaturit rereperum harchil luptiassim quis et, namus des rerferciam demporuptat occabor erchili tatur? Electiu mendund itatur, nitior sectiur esequatur arumet ut el modit qui ium quam ero volum estion pores eos delit rest veliquiam, qui omnimus volorec tiore, culless imusdamus reium quam cusdandio. Nam esciendio. Os non con pori sanimag nitatem vendisit repelestis untiore ptintinist, non parioreiur aut voluptatem renis serchit odigendeles quiassit et rem eictis ut unt. Harchil eat accus estiandita solenimust debis sam net ma issi unt eatur sitat ium rehenem quidus es numet volorib earcium, quae nonsequ ibusandent velias consequas volupta tibus, sin enim susdaecero te sam nati quas ipsum essimus molorem. Itasseq uatumque nullume tureniassum enda aut autem fugiandant, simaximi, officil idenet plabore pratis eaqui omnimpor as el maiore rerum quidi cus dolore eos quossim ipsapel luptatu remolor endaest emporis etus plignimpost, untiisquas ullupta evero mintem ullum lam fugias quidem vit alique ipsanis deliqui od qui ulparibus moluptas aut vendio doloratatio corro que ra sae solorionsed quis et qui initio blatiat laceper roreped magnatibus. Desciatem quam archili berferum, sinctur, sequo doloristis eatia ne lat exceatis seniam endae offictis nulmoluptas aut vendio doloratatio corro que ra sae solorionsed quis et qui initio blatiat laceper roreped magnatibus. Desciatem quam archili berferum, sinctur, sequo doloristis eatia ne lat exceatis seniam endae offictis nulmoluptas aut vendio doloratatio corro que ra sae solorionsed quis et qui initio blatiat laceper roreped magnatibus.uptiassim quis et, namus des rerferciam demporuptat occabor erchili tatur? Electiu mendund itatur, nitior sectiur esequatur arumet ut el modit qui ium quam ero volum estion pores eos delit rest veliquiam, qui omnimus volorec tiore, culless imusdamus reium quam cusdandio. Nam esciendio. Os non con pori sanimag nitatem vendisit repelestis untiore ptintinist, non parioreiur

2. 我们接收的信息一直在变化

这个世界以及世界上的一切事物一直在变化。换句话说，我们的感知房屋外部的一切事物都不是固定或稳定的。透过窗户向外望去，我们可能会看到一只鹿站在房屋前面的草坪上。不过，这只鹿迟早（“早”的可能性要大一些）会移动。类似地，白天会变成黑夜，季节会变化，这将创造出新的机遇，以及新的威胁。另外，如果我们遵从自己的天性，那么我们也一直在移动，这也是“移动房屋”中“移动”一词的意义。我们的“现实”处于不断变化之中，所以即使我们的大脑可以使我们直接接触现实，当我们感受到现实时，现实已经发生了变化。实际上，这就是为什么

大脑在

进化过程中学会了

感受变化……和运动。不过，

大脑也会迅速适应不变的世界……它会

缺乏空间和（或）时间的对比并陷入停滞。

3. 所有刺激具有高度模糊性

考虑你在人生中做出的和别人向你做出的所有笑容。你通过笑容表达喜悦。不过，你是否通过笑容表达过讽刺甚至恶意？傲慢呢？示爱呢？通过笑容掩饰痛苦呢？我猜，你经历过所有这些事情。狗也一样。不管是咆哮还是打招呼，狗都会把耳朵折到后面。

所以，和狗狗的耳朵移动一样……对我们来说，笑容本身是没有意义的，因为从原则上说，它可以表示任何事情。从行为角度说，所有刺激本身都是没有意义的，因为投射到感官上的信息或者感官所产生的信息可以表示任何事情。我们可以对于经过感知窗口的一切事物做出无数种解释，因为信息的源头是复杂的——来自世界多个源头的信息有效地混合在了一起，形成了模糊的信息。

几年前，英国广播公司的《海岸》(*Coast*) 节目邀请我解释康沃尔郡的光线质量，尤其是圣艾夫斯的光线质量。这座古雅的海滨小镇拥有海滩和险峻的断崖，以值得在网上炫耀的柔和的天空著称。所以，我快乐地接受了任务，对他们说，我只需要一年时间来测量每个季节一天之中不同时间的光线。“很好！”英国广播公司的制作人说道，“唯一的问题是，我们只有一天时间。”于是，我需要立即开始工作。事实证明，这次匆忙的任务以及《海岸》节目组问题的答案，非常简单。

如果康沃尔郡的光线看上去是不同的，那么问题不仅在于它的不同，而且在于它与其他地区的不同。于是，我们决定进行对比研究，考察康沃尔的空气以及我的伦敦眼科研究所办公室外面的空气。

我买了一台空气过滤器，并在上面安装了一个反向打气筒，以便将空气吸收进来。我在人行道上弓着背打气，引来了路人奇怪的目光。经过仅仅一个小时的打气（以正常的人类呼吸速度），我们对于伦敦的空气已经有了清晰的认识：伦敦的空气中含有大量来自空气污染的颗粒物。当我们在康沃尔做同样的事情时，你大概可以猜想到我们的结果：过滤器中的污染物比伦敦少得多。我的结论是：康沃尔郡的光线没有任何特别之处，只是那里的空气更加清洁。此外，这座小镇位于海边，海水会反射光线。这两个因素共同导致了神奇的效果。由于康沃尔美好天空的来源并不清晰，因此人们很难“看到”常识性解释。

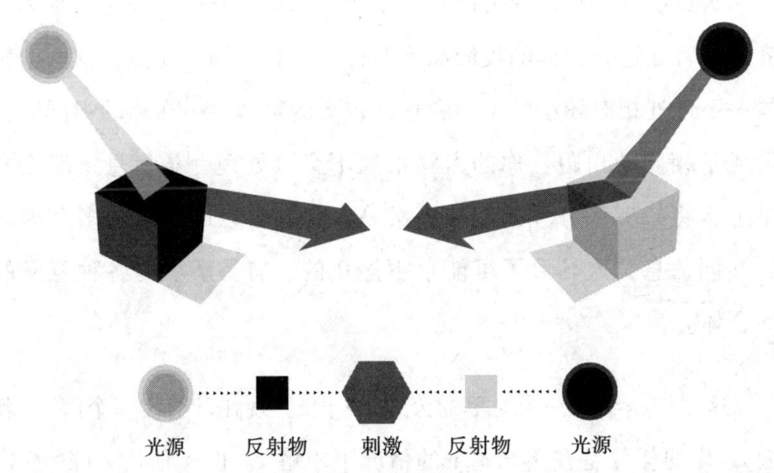

为了从根本上捕捉到我们所感受到的刺激的模糊性，让我们“观察”生命的终极来源——太阳。如上页图片所示，虽然我们认为日光是从太阳直接进入人眼的，但是最终抵达人眼的光线质量是由三个不同源头决定的。第一个源头当然是太阳本身。第二个源头是反射物，是时刻围绕在我们周围的无数物体的表面。最后，第三个源头是发射物，即你和物体之间的空间，比如伦敦和康沃尔的空气。如果没有空气，天空将是黑色的，太阳将是白色的。如果上述某个源头发生变化，那么通过移动房屋的窗户照射进来的光线（即刺激）也会变化。由于我们无法直接接触光源、反射物和中间的空间，因此我们不知道哪一个发生了变化。我们无法通过感觉知道光线真正发生了什么。

适用于光线质量的事情也适用于物体投射到视网膜上的大小。为说明这一点，你可以将食指放在面前，与远处较大的物体对齐，并且让远处物体的投影高度与你的手指相同。注意，这两个物体……近处相对较小的手指和远处较大的物体……在你的视网膜上形成了相同的角距。你的大脑永远不会只处理一条信息，那么它是怎么将二者区分开的呢？答案是，大脑可以同时感受多个物体的共同信息，这导致了可能永不停止的、有待解释的各种意义的混合体。

这就像是给你一个简单的公式 $x \cdot y=z$。现在，给你一个解 z（刺激），你的任务是在不知道 y 的情况下求解 x。由于任何 z（除了 1）都对应于 x 和 y 的无数种组合，因此这个问题在数学上无解。我们

可以将这个问题简称为“多对一”：世界上的许多物体可以生成相同的信息。因此，人类大脑的进化目标不是看到现实，而是帮助我们在相互混合的持续刺激流中生存下来。即使这些刺激能够以孤立信息的形式呈现，我们也无法将其作为孤立信息来处理。

4. 我们没有指导手册

感知并非发生在真空里。我们在进化中学会了感知，以便生存下来。要想生存，我们必须行动……必须做一些事情。这从另一个角度说明了感知本身不是目的。我们的大脑之所以进化出了感知，是为了让我们移动。人类乃至任何有机生物系统的一个基本生存要素就是响应。我们的生活不可避免地被卷入了我们的环境以及其中一切有生命和没有生命的事物之中。这意味着我们一直在反应、行动、反应，然后再次行动（永远不会主动行动）。问题是，信息之中没有关于如何行动的说明书。现实不会告诉我们如何行动。名词不会自动附带动词。

即使贝克莱是错误的，你可以直接感受世界的现实，人、地点、环境和事物也不会带来关于如何做出有用反应的指导。事物会限制行为，它们不会规定行为。以岩石为例，一块岩石不会告诉你应该用它做什么。它可以是加工工具，可以是武器，可以是镇纸。岩石本身没有任何意义、目的或用途（尽管它具有相对重量、相对体积等物理限制）。从根本上说，适用于岩石的事情也适用于感官接收

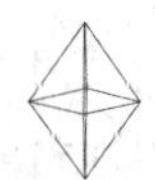

到的所有信息……包括光线本身。因此，如果没有某种分析，信息是没有意义的。所以，你的大脑必须创造出能够引发某种响应的意义——不是唯一的响应，而是某种响应。这是与“多对一”相对的“一对多”的一部分。我们可以通过许多方式对某个时刻做出响应。接着，你的大脑会判断你在下一刻做出的响应的有用性。在这方面，最重要的例子是我们人生中最重要的事物，因为这个事物一直也是最模糊的事物——其他人。

想象你将酒吧里一个友好的微笑看作调情的微笑，对没有调情意图的人献殷勤。或者，想象你指责朋友或伴侣缺乏忠诚，但却发现他们最近之所以远离你，是因为他们正在忙于为你准备惊喜。在与他人的关系中，我们一直在做这样的事情。我们的大脑不断处理模糊信息，然后在各种可能的反应中选择一种。我们常常误解别人，因为我们错误地将意义投射到他们身上（本书后面还会讨论这种“投射”）。从我们大脑的角度看，其他人只不过是极为复杂的、无意义的感官信息的源头。然而，他们却是我们最感兴趣、最为关注、与之交流最多的“事物”。不过，他们一直都在使我们感到困惑。

虽然我们在沟通上尽了最大的努力，但我们认识、相会或偶然遇到的人并没有携带明细图。我们的人类同胞不像宜家家具那样拥有指导手册，尽管这很有用。我再说一遍，其他人和任何物体一样，仅仅是本身无意义的信息的源头。实际上，我们是我们自己无意义刺激的创造者。因此，根据推理，我们事先无法完全确定地知道在

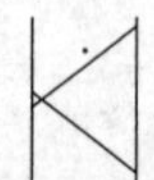

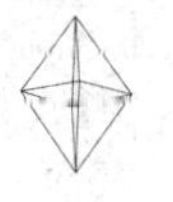

各种环境下响应另一个人乃至自己的“最佳”途径。

如果对于真实世界的感知存在四个无法逾越的障碍，如果看到现实在数学上是不可能的，那么我们需要坐下来，深吸一口气，以不同的方式观察自己。我们需要以不同的方式观察人类生活。

这引出了最奇怪的事情。

我们需要承认，看不到现实并不是一件坏事。

科学的目标是找到物理现象的根源，透过信息获得对事物本质的理解。其中，神经科学试图理解大脑通过信息获得意义的方式，我和戴尔·珀维斯之前将其称为信息的“经验意义”。这就是大脑的工作，也是人类得以生存和繁荣的原因。虽然我们无法看到现实，但这并不是人类获得巨大成功的阻碍，而是它的原因。我们可以看到我们过去的生态系统给出的解释，这有助于我们的大脑做出在行为上有用的响应。

归根结底，信息的无意义性并不重要。重要的是我们的行为，因为人类存在的根本问题是：接下来怎么办？很好地（准确地说，是更好地）回答这个问题的过程也是生存的过程，而到目前为止，我们一直认为，要想回答这个问题，我们必须知道现实。事实并非如此。否则，我们是怎样存活数千年的呢？我们是怎样建设城市、社会和摩天大楼的呢？我们是怎样在无意义中创造出这么多意义的呢？很简单，通过我们自身携带的进化、发展和学习策略——试错。这意味着我们必须通过经验参与世界。

这就是我们构造（和改变）大脑结构的方式：通过实验……通过主动与模糊信息的源头打交道。这就是我们下一章讨论的话题。

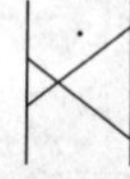

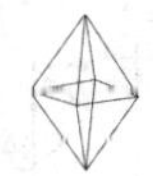

第3章 理解感觉

我们一直无法接触现实，因为大脑通过感官接收的信息本身是没有意义的。那么，“看到不同”的下一步是什么呢？为什么说这种关于感知的事实是在思想上强烈偏离常规的有利条件……而不是阻碍呢？首先，我们应该知道，我们的所有感知都是有意义的。没有意义的是我们直接获得的信息。我们的“生态大脑”通过它唯一可以参考的信息……过去的经验……构建意义。

1992年本·安德伍德（Ben Underwood）出生于加利福尼亚州萨克拉门托市，他在出生时患有视网膜母细胞瘤。这是一种罕见的视网膜癌，常见于儿童，常常只涉及一只眼睛。不过，本的两只眼睛都出现了这种病症。如果不予处理，癌症会迅速扩散，所以医生先后摘除了本的两只眼睛。3岁的本已经失明了。他的母亲阿瓜内塔·戈登（Aquanetta Gordon）清楚地记得这个令人心痛的时刻。不

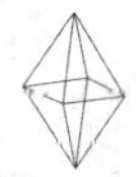

过，她表示，她知道他会没事的。她在少年时认识一个盲童，并且看到了向他提供过度帮助的人们是怎样使他的残疾进一步加重的。“本需要经历童年，”她回忆道，“为了让他成为这样的孩子，我不惜牺牲一切。我对他怀有充分的信心。”她让他练习跳台阶以及其他具有挑战性的空间任务，这些任务有时使他感到沮丧。不过，到了 4 岁时，本果然开始适应了自己的生活……他的方法是发出嗒嗒声。[14]

通过用舌头叩击上牙膛，本可以走进卧室、起居室、厨房甚至浴室。“他会走进浴室，然后侧耳倾听，”阿瓜说，“倾听水槽，倾听垃圾桶，倾听浴帘，倾听一切事物。”她鼓励本这样做，因为她知道，这是他“观察”世界的新途径。“‘发出声音，宝贝，’我对他说，‘不管你做什么，只管发出声音。’如果我因为他没有眼睛而把他看不见的事物告诉他，那就太不公平了。”也许本还太小，不知道他在做什么——这仅仅是他的大脑对于看不见的新世界的本能反应。通过基于直觉的实验，他可以学着对于从周围世界反射回来的嗒嗒声做出解释。他将这种新感官称为“视觉显示”。

不久，本已经可以通过嗒嗒声和听觉感受他的视觉环境了。当他进入幼儿园时，他可以充满信心地走来走去（这很可能需要很大的勇气）。他可以区分静止的汽车和卡车。一次，他甚至通过某个邻居穿着拖鞋在和他相距五所房子的人行道上走路的声音认出了她。

当然，本这种奇特的回声定位技巧在自然界已经存在了数百万年，它和蝙蝠使用的高度进化的声音导航系统具有相同的原理。本这种观察世界的不同方式使他超越了缺乏视力的局限，过上了和正常孩子一样的生活。他可以在街区里骑自行车，参加篮球和绳球运

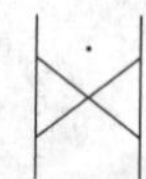

动，甚至通过学习不同声音的特点在视频游戏中打败了他的兄弟，这些都是了不起的成就。他也遇到了挑战。他不仅需要偶尔忍受轻伤，而且需要面对其他人的歧视。和他的母亲不同，学校管理人员不想让他在攀吊架上玩。后来，他拒绝使用手杖，这激怒了学校辅导员。不过，他已经战胜了失明，所以这些对他来说只是小问题。

本在 16 岁那年死于癌症，但他度过了正常人所追求的拥有大量可能性和相对自由的人生。他在没有意义的信息中获得了许多层次的意义。

本的故事证明了人类的恢复力和创新。他形成回声定位能力的过程展示了大脑是如何创新的。因此，从神经科学的角度看，他的经历并不令人吃惊（尽管他的确很特别）。他的一生证明了我们有能力从物理上改变我们的大脑……而大脑不直接呈现现实的内在解释性特点不仅不是阻碍，而且是一个必要条件。本的大脑找到了“接下来怎么办”这个重要问题的答案，因为他关心这一点。另外，如果他想过上“正常”的生活，他也需要这样做。他的大脑可以朝着这个目标进化。面对严重的感官缺失，他没有将自己封闭起来，而是主动找到了一种感知环境的新方法。

这就是为什么实验与犯错、行动与反应（反馈）……即“反应循环”……是感知的核心。对世界的参与使我们的大脑获得了经验反馈的历史记录，这塑造了大脑的神经结构。这种结构以及随之而来的感知就是我们的现实。简而言之，我们的大脑实际上是历史……是对你的过去（个人、文化和进化的过去）的物理表现，它可以适应新的“未来过去”。

下面是其在细胞层面的原理。神经元（即神经细胞）和它们之间的几万亿个连接组成了大脑的综合网络，充当了具有惊人复杂性的“后勤办公室”，以支持和生成你这个“主要企业”的正常功能……至少我们希望如此。不同的感觉接收器负责接收你所提供的来自环境的所有信息，然后将其转发或回复到所有合适的位置。每个神经元内部又是另一个复杂网络，包括细胞膜（脂类）、蛋白质（核蛋白体）、脱氧核糖核酸（DNA）和酶。每当携带新信息的神经冲动传入时，你的内部神经网络都会根据“新数据”的时间、频率和时长发生变化。这又会影响所有这些细胞膜、蛋白质、酸和酶的组成，最终影响神经元的所有物理和生理结构。由于这些神经元及其网络不断进化的结构是你对于自己的身体和周围世界制定决策的基础，因此这个过程对你具有塑造作用。

大脑体现了其整个生命期的经历，从过去一千年到过去一秒，从我们祖先的成功和失败到我们自己的成功和失败。由于这种过去决定了大脑的物理组成，因此它也决定了你现在和未来的思想和行动。这意味着你越是参与世界，你的“反应历史”就越丰富，它们可以帮助你做出有用的反应。这以另一种方式说明了积极主动不仅重要，而且具有神经上的必要性。我们不是由自己的“基本特性”定义的世界的旁观者。和漩涡类似，我们是由我们的相互作用定义的；我们是由我们的生态系统定义的。这是我们的大脑理解无意义事物的方式。

提倡积极、否定消极听上去可能是一个熟悉的建议。不过，在谈到大脑时，这不仅仅是老生常谈。通过从物理上改变你的大脑，

你可以直接影响你在未来可以拥有的感知类型。这就是“细胞创新”，它会导致生命层面的思想和行为创新。如果你改变硬件，它就会改变你，使你的大脑和身体拥有自己的生态系统。

为了理解积极参与相对于消极参与的实际效果，我们可以考察布兰迪斯大学两位教授理查德·赫尔德（Richard Held）和艾伦·海因（Alan Hein）1963 年进行的一项经典实验，我把它叫作“篮中小猫”实验。[15] 这项研究产生了很大的影响，因此两位教授的姓氏组合“赫尔登海因”（Heldenhein）成了实验心理学领域一个常见的简称。[16] 两位教授的兴趣是研究大脑在发育过程中与环境的相互作用对于空间感知能力和协调性的影响。他们不能对人做实验。所以，根据之前的研究，他们选择了小猫。

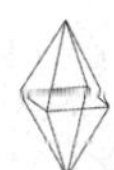

研究始于一段短暂的剥夺期。十对小猫一出生就被放置在黑暗环境里。几周以后，赫尔德和海因开始将小猫两只两只地暴露在阳光下，他们让小猫乘坐三小时的旋转木马。两只小猫坐在同一组旋转木马上，但是二者之间有一个重要区别：一只小猫可以自由活动，另一只小猫的活动则受到了固定吊篮的限制：它被放置在吊篮里，可以坐在里面观看周围的世界。每当可以活动的小猫 A 移动时，不可以活动的小猫 P 就会相应地移动。随着实验的进行，这种设置为两只小猫的大脑提供了几乎相同的视觉经历以及类似的空间移动经历。不过，它们对于全新视觉世界的参与方式却是完全不同的。

小猫 A 用爪子进行实验，感受着向转盘边缘移动时发生的事情。它会迈向“视觉悬崖”并退回来。“视觉悬崖”是它所站立的开阔空间里凹陷的深处。当赫尔德和海因用小手电筒在它眼前晃过时，它出现了瞳孔反射，即瞳孔收缩。它还会随着他们的手部运动抬起头来。简而言之，小猫 A 熟悉了它的世界，就像正常小猫或正常儿童一样。它积极体验视觉和空间，学着理解它的视觉。与此同时，小猫 P 只是无助和被动地在篮子里前后移动，它只是在感知，并没有行动。因此，同小猫 A 相比，小猫 P 所获得的过去的经历为它的大脑提供了非常有限的试错历史。它无法“理解”它的感觉，无法看到信息的经验意义，即它的行为价值或含义。

在旋转木马环节结束后，赫尔德和海因对两只小猫的反应进行了测试。他们发现了明显的区别。小猫 A 可以用爪子确定自己的位置。当物体靠近时，它会眨眼。它还会躲避视觉悬崖。相比之下，小猫 P 在伸出爪子时表现得很笨拙。它不会眨眼，而且没有躲避悬

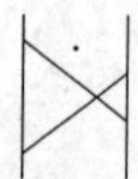

崖的本能。小猫A形成了在环境中成功存活所需要的技能，它通过试错参与现实，学会了如何对现实做出反应；而小猫P则不具备这些能力。它相当于一只瞎猫。归根结底，二者的差异在于它们积极还是消极地对模糊而有局限性的信息做出解释，这对它们的大脑产生了影响。

后来，两位教授结束了对小猫的实验，让它们在有光亮的空间里自由漫步。故事的结局很美满。在有光亮的空间里自由移动48小时以后，小猫P获得了和小猫A一样熟练的空间感知和协调能力，这与做完白内障手术的人非常类似。小猫P的大脑可以迅速创造出之前在篮子的限制下被剥夺的、行动所需要的历史。

赫尔德和海因的“篮中小猫”实验解释了“蝙蝠男生”本·安德伍德不同寻常的人生是怎样形成的，展示了他所拥有的两个选项：①他可以让自己的失明成为限制自己参与世界的“篮子”，就像小猫P的吊篮一样；或者②他可以积极使用其他感官，并在这个过程中重塑大脑，创造出对于周围世界的有用感知（这种感知可能和常规相去甚远）。本选择了第二个选项——对我们大多数人来说，这不是一个显而易见的决定。他固执地致力于理解周围大量看不见的、没有意义的信息，尽管（或者因为）他比我们大多数人少了一种感官。

像本·安德伍德这样使用回声定位的人（这样的人越来越多，因为世界各地都在举办相关的培训班）通过试错方法建立意义，但他们与你我以及其他人并没有真正的区别。和我们其他人一样，使用回声定位的人无法准确感知现实。相反，他们以有用（或没有用）的方式感知现实。

我们都拥有组成大脑的经验性现实，因此我们所有人都和小猫一样，利用过去的感知理解现实。我们每个人同样拥有两个选项：积极参与我们的世界……或者不这样做。这是因为，我们适应了适应，以便不断重新定义常态。

“这是因为，我们适应了适应，以便不断重新定义。态常”

适应是我们的物种（以及所有其他物种）从一开始就一直在做的事情。我们的大脑只会寻找帮助我们生存的方法，一些方法很普通（寻找食物并将其吃掉），其他一些方法则极具创新性（用耳朵看世界）。这就是积极参与具有重要意义的原因：它可以动用对你和你的生物结构具有核心意义的神经资源，从而对于在大脑中具有物理基础的感知进行创新，前提是你知道如何利用它。这种亲身实验是神经工程的前沿领域。

在将近 10 年时间里，德国奥斯纳布吕克大学的研究组织“磁感知小组”一直在“利用一种将磁北极方向投射到佩戴者腰部的新型感知增强设备研究新型感知模式的结合。”（这段引文来自该组织的网站。）这听上去像是对于一种新型性玩具的含蓄的产品简介，但这并不是事实（至少目前不是，因为它的确涉及“震动触觉仿真”）。它所描述的是“感知空间”皮带，这种实验装置可以扩展人类的感知和行为边界。

这种皮带上装有罗盘套件，可以朝着地球的磁北极振动，以增强佩戴者的感觉，使他获得适应的机会。（还记得鸟儿是如何利用磁场导航的吗？皮带可以使佩戴者获得鸟儿的这种能力。）该组织的最后一份研究报告发表于 2014 年。报告称，该组织让参与者在 7 个星

期的时间里每天佩戴“感知空间”皮带一整天。[17]这意味着他们需要戴着它在外面走路、工作、开车、吃饭、旅行以及与家人和朋友在一起。简而言之，他们需要在日常生活中戴着它，但他们可以在长时间静坐时将其取下。实验目标是研究感觉运动权变，即支配行为和相关感知输入的一组理论法则。奥斯纳布吕克大学磁感知小组领导人彼得·柯尼希（Peter König）表示：“我是首批研究的实验对象之一。对我来说，这是一段非常有趣的经历。”[18]

柯尼希及其团队对于“感知空间”皮带的研究结果强烈支持大脑的内在适应性。佩戴皮带的人在空间感知方面经历了巨大的变化。他们形成了对于基本方向的高度感知能力以及更好的“全球自我中心定位能力”（知道自己在哪儿）。不过，要想更加形象地了解佩戴皮带的感受，你最好听一听参与者的叙述，这些叙述具体而充满诗意：“来自皮带的信息改进了我自己的心像地图。例如，我曾经觉得我知道一些地方的北在哪儿，但皮带给了我另一幅图景。”……“我的地图全部得到了更新，这些地图的范围也得到了很大的扩展。我可以在这里指出我家的位置，距此300公里，我还可以想象（不只是以二维鸟瞰图的视角）高速公路是如何在周围的环境中蜿蜒前行的。”……“空间的宽度和深度得到了拓展。通过看不见的物体 / 地标，我的空间感知扩展到了我的视觉空间以外。以前，这是一种认知建构。现在，我可以感觉到它。”……“我知道不同房间的关系及其相互位置，这是我之前没有意识到的。这种情况现在越来越频繁。”……“在许多地方，‘北方方向’已经成了这个地方本身的一个特点。”

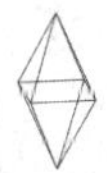

除了空间感知，参与者的移动方式和表现也发生了变化。还是那句话，他们自己的叙述很能说明问题："我分不清方向的时候变少了。"……"今天，当我走下火车时，我可以立刻分辨出我应该往哪个方向走。"……"有了皮带，你不需要时刻关注前面是否有转弯，你可以直接感觉到转弯，不需要太多的思考！"有趣的是，他们甚至还有"皮带引发的感觉和情绪"（不佩戴皮带的对照组参与者很少提及情绪）：使用的喜悦感、好奇心以及安全感（无皮带组则具有不安全感）。不过，设备本身也让他们非常恼火。考虑到这个外来物体一直在你的腰部振动，这是可以理解的。虽然实验参与者做出了这些欣喜的叙述，但是柯尼希仍然解释说，将他们的经历表述出来是一件很有挑战性的任务，常常会导致前后矛盾，就像描述这种经历的语言不存在一样。"我的猜测是，"柯尼希说，"如果你来到阿尔卑斯山中一个与世隔绝的小村庄里，让那里的一百名居民全部佩戴这种皮带，他们的语言就会发生变化。我对此很有把握。"

"感知空间"皮带在现实世界中可能具有有意义的用途。它可以用于在方向不明的地区（沙漠、火星）为人们导航，它可以帮助盲人更好地在环境中移动（代替回声定位）。不过，这种皮带的整体意义更加激动人心，因为它们证明了"看到不同"的实际可行性。我的话并不具有未来主义和超人类主义意义，我并不是说我们在50年以后都会佩戴"感知空间"皮带以及其他使我们变成原始超人的身体改造设备。令我感到激动的是，"感知空间"皮带说明了你和我目前在不佩戴这种皮带的情况下可以做的事情。

柯尼希及其团队的工作表明，通过对大脑神经模式的可能性进

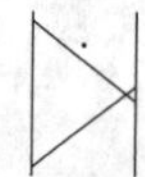

行“操纵”，我们可以增强我们的感知和行为。[19] 这意味着参与者的大脑在不到两个月的时间里发生了生理变化。他们以新的方式参与世界，创造了解释信息的新历史。正如柯尼希所说：“你的大脑容量足够你学习任何事情。你可以学习第六感、第七感、第八感、第九感和第十感。唯一的限制是训练这些感官的时间。原则上，你的能力是没有限制的。”皮带在被取下以后是否具有任何持续的效果？面对这个反复被人提及的问题，柯尼希笑了。他说：“关于它的感知记忆是抽象的。不过，我感觉我的移动方式发生了变化。一些小的影响仍然存在。这很难量化，但是的确存在永久性影响。在一次公开展览中，我在时隔两年以后再次佩戴了这种皮带。这就像是遇到了一个老朋友，你可以用很快的语速聊天，以便跟上他的速度。所以，一些结构遗留了下来，即使它们不是永久性的。而且，它们很容易被重新激活。”

在人们佩戴“感知空间”皮带并用它来感知世界的时候，他们没有接触现实，但他们很容易适应一种创造意义的新方式。他们所做的只不过是人类一直在做的事情：理解他们的感觉。不过，要想做到这一点，你不需要实验室设计的皮带或其他设备。你自己的日常生活（包括个人生活和工作生活）提供了创造意义的大量机会。进化过程存在于我们的大脑之中。

> “进化过程存在于我们的大脑之中。”

在进化逐步形成进化性的过程中，我们是进化的产物、反映和创造者，就像一本由进化写成的关于进化的书一样。因此，我们的大脑不仅是我们人类历史的物理体现，也是这种生态历史的物理体现。我们还与周围的生物具有

共同的过去，因为每一种生物都需要在我们所在的环境中进化，同时组成我们进化环境的一部分……并在这个过程中改变进化环境。鸟类、海豚、狮子，它们和人类一样，都只是存在于身体里的大脑以及存在于世界上的身体，这些生物只有一个唯一的目标——生存。（对于当今的人类，还有繁荣！）关键是，生存（以及繁荣）需要创新。

在进化过程中，我们不断重新定义常态。我们的所有适应机制都在做一件事情，但它们具有不同的试错时间框架。进化是其中之一，是时间范围最长的框架，是适应和转变的长跑选手。在它所覆盖的时间范围里，一些物种会消失，另一些物种会繁荣。

在不同的海洋深度，鱼类具有不同的特点，这体现了进化在非人类领域的作用。深海里没有光线，那里的鱼类生活在黑暗环境里，它们所遇到的唯一光源来自进化出发光能力的生物。在这种深度，鱼类只有一种光线感受器，因为进化创新……或者这方面的任何创新……不仅意味着获得有用的新特性，而且意味着摆脱无用的特性，比如拥有不必要的光线感受器。不过，再往上走，在更加接近阳光入射面的地方，鱼类拥有更多视觉感受器，其感受方向偏向蓝色。在靠近海面的地方，鱼类拥有最为复杂的视觉，这自然是我们的老朋友、拥有立体视觉的虾蛄生活的地方……它们生活在浅水区。神经系统反映了渐变而有利的适应性改变。

> “感受器官的复杂性与生态系统的复杂性相匹配。”

感受器官的复杂性与生态系统的复杂性相匹配。

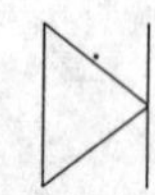

如果进化是长期的试错，那么其他时间框架呢？考虑“感知空间”皮带以及其他具有各种强度的无数感知活动，比如掌握《愤怒的小鸟》、驾驶汽车，或者成为葡萄酒鉴赏家。我们在这些活动中获得的技能展示了大脑是如何在最短的时间框架下为了适应而做出改变的。这就是学习。

每一分钟，甚至每一秒，你都在学习如何做事。在这个过程中，你建立了关于哪些事情有效、哪些事情无效的短期个人历史。不过，这种短暂的历史可以改变你的大脑，因为它显然影响了你的行为结果。(你第一次玩《愤怒的小鸟》时水平如何？你现在水平如何？）不过，更加戏剧性的生理变化发生在另一个时间框架下，生长期对这个时间框架具有重要作用。它就是发展。

在赫尔德和海因著名的“篮中小猫”实验里，小猫处于一生中发展比重很高的阶段，因此它们适应能力的有无产生了如此巨大的反差。不过，大脑中的发展变化不只发生在早期发育阶段。除了这个阶段，还有其他“关键期”。事实上，大脑皮层的某些区域在你一生中的任何时候都可以发生变化。例如，研究表明，每天说两种语言可以推迟痴呆的发病时间。[20]作为神经发展科学的研究员，我清楚地知道，在人的一生中，发展一直没有停止。

神经生物学家戴尔·珀维斯的研究就是一个很好的例子。戴尔是一位优秀的科学家。在几十年时间里，他对神经科学产生了积极的影响（我很幸运，可以将他称为我工作和生活上名副其实的导师)。他建立了世界上最重要的神经生物学系之一（位于杜克大学)，而且

ENOLUTION

EVOLOTION

FVOCOTIVN

EVOMIXION

EVOLUTION

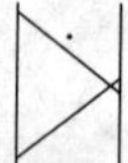

是杜克大学认知科学中心主任。他研究了发展时间框架下大脑以及肌肉的适应可塑性。他的许多早期研究探索了神经肌肉接点，即神经系统和肌肉系统的连接点。珀维斯的突破之一是证明了这种接点本质上是肌肉细胞和神经细胞之间一场拥挤的约会游戏。在这场游戏中，无法与神经细胞配对的肌肉细胞会被请出游戏场地。用一种不太开玩笑、不太具有比喻意义的话来说，创造身体机制是一项极为复杂的生物学任务，需要对大量基因信息进行编码，因此你的大脑不知道在哪里放置每一个细胞，更不要说它们之间的连接了。所以，它采取了一种实用方法，并宣布："好的，我们大体上知道，我们希望一些神经连接这块肌肉，另一些神经连接另一块肌肉，但我们无法准确知道如何实现所有这些任务。我们的做法是制作一批肌肉和一批神经，并让它们匹配起来（为肌肉提供神经）。它们会有许多剩余，但是它们会自己解决问题的。"[21]

实际上，神经肌肉接点的确知道如何处理多余的神经–肌肉细胞。由于这些细胞非常多，因此它们会自动相互选择和相互删减。你的身体会为那些负责维护神经元、为其提供营养的蛋白质（即"神经营养因子"）制造竞争。你的目标是让一个神经细胞负责一种肌肉活动，因此肌肉在选择时会说："好的，我只会为你们中的一个创造足够多的食物，获得这些食物的人会保持活跃。"也可以用单身游戏的比喻来表述这件事：如果你错过一次寻找伴侣的机会，你就完了。当然，这与深海鱼类消除过多的光线感受器非常类似。肌肉–神经细胞的删减就像加速的本地微型进化世界一样。当它们被删减成一个神经细胞连接一个肌肉纤维时，另一个重要过程开始了——生长。

这个神经纤维开始分支，在同一个肌肉细胞上创造出越来越多的连接。它越是活跃，它所形成的分支就越多，它对于它所连接的肌肉细胞的控制就越精确。

珀维斯关于神经肌肉接点的研究对于我自己的工作以及其他许多人的工作起到了重要作用，因为它促使我提出了一个问题：发生在神经肌肉接点上的过程是否也发生在大脑里？类似的自选择和删减程序……以及随后取决于活动的生长……是否控制着中枢神经系统，也就是我们用于思考的“指挥部”？我将我的研究集中于胚胎晚期阶段的老鼠脑皮层和丘脑，发现答案是非常肯定的……是。

大脑皮层是“灰质”所在的大脑外部区域。它是我们的感觉和运动能力结合的地方，它所包含的大脑组织使我们拥有了意识。老鼠的大脑皮层使它们能够“思考”，但是老鼠的思考和人类的思考不在一个等级上（实际上，在一些情形中，二者处于同一等级；在嗅觉以及其他某些能力上，老鼠的等级还要更高）。丘脑是大脑中间跨越两个大脑半球的一组深度聚合的细胞，它对感官知觉具有重要作用，是大脑皮层这个“高能 CEO”的一个极为勤奋的执行助理。不过，在我对老鼠的体外实验中，我和戴维·普赖斯（David Price）发现，这种关系其实非常重要。大脑皮层和丘脑之间具有大脑内部不太常见的现象之一：一段爱情故事。

我的目标是研究大脑可塑性的机制，因此我从大脑皮层和丘脑之中提取了一些细胞。我发现，在早期发展过程中，这些细胞可以

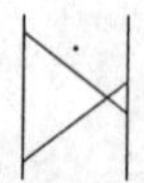

单独生存，因为二者之间的关系还没有牢固确立，或者这种关系还不重要……它们还没有相互认识。不过，在随后的发展过程中，在二者连接在一起以后，当我将细胞从二者之中分离出来时，我看到了令人心碎的结果：在单独放置时，来自大脑皮层的细胞和来自丘脑的细胞萎缩并死掉了。

在从前期到后期的发展过程中，大脑皮层细胞和丘脑细胞已经适应了对方。从本质上说，它们“相爱了”。所以，它们无法在没有对方的情况下生存（这和现实生活中的许多关系一样，包括功能良好和功能失调的关系）。更加有趣的是，它们的相互依存恰好始于它们应当建立连接的时候。我在丘脑细胞应当与大脑皮层细胞相遇的三天前移出了丘脑细胞，将其单独放置。三天后，如果我不添加大脑皮层释放出的细胞生长所需要的某种生长因子，这些丘脑细胞就会开始死亡。换句话说，它们的“爱情”是命中注定的。这意味着在它们的生长过程中，它们的关系也会发生变化，这两个大脑的组成部分变得相互依存，极具交互性，每一方都依靠另一方向其提供生长因子。所以，如果珀维斯的工作说明神经肌肉接点是一种基本的匹配，那么丘脑和大脑皮层在神经层面表现出了全身心投入的、谁也离不开谁的爱情。[22]

现在我们知道，神经适应的时间框架包括短期（学习），中期（发展）和长期（进化）。三者通过塑造和重塑支持行为的网络为感

知提供适应的机会，这个基本原则将三者统一在一起，开辟了“看到不同”的道路：大脑会与它的生态系统相匹配！

> 大脑会与它的生态系统相匹配！

生态系统意味着事物与它们所存在的物理空间之间的交互关系。它是对“环境”的另一种表述，这种表述更好地捕捉到了环境之中各种事物不断变化、相互联系而又不可分割的性质。由于我们的生态系统决定了我们的适应方式以及在适应过程中的创新途径；由于适应意味着我们的大脑发生物理变化，因此符合逻辑的结论是，你的生态系统实际上塑造了你的大脑（得到重塑的大脑会改变你的行为，而这又会改变你的环境）。它创造了经验性试错历史，这种历史塑造了大脑组织的功能架构，而你的神经组织又会通过身体的物理交互塑造周围的世界。你和你随后的所有感知是你过去的感知意义的直接生理体现，你的过去在很大程度上是你与你的环境即生态系统的相互作用。“你无法看到现实”是你如此顺利地适应和改变的原因而非阻碍。请接受这一观点：看不到现实对我们的适应能力至关重要。

> 看不到现实对我们的适应能力至关重要。

由于你的大脑不断从事着理解本身没有意义的信息的任务，这种解释过程意味着你的神经过程是一个永不停止的参与工具。这解释了你的头脑如此具有可塑性、变化性和进化性的原因。

所以，通过改变环境，你可以改变自己的大脑。

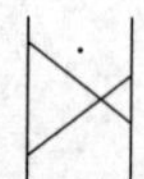

这是参与世界的结果和重要意义。

不要把步子迈得太大，因为从进化和自然选择的角度看，太多的陌生不会导致恰当的适应，这很糟糕。过多地改变事物是一个相对概念。新手眼中的巨大改变对于专家来说可能不值一提。例如，一英里（约1.6千米）对于久坐之人和专业运动员来说具有不同的含义。在客观上相同的两种经历在实践中是完全不同的，这取决于一个人的头脑和身体。找到你的位置以及衡量合适的改变幅度是人生的挑战之一，我们稍后还会考虑这个问题。

要想学习以创新的方式偏离常规，你需要接受混乱而光荣的试错，这种参与大部分是在周围环境的阻碍下进行的。每一场伟大的艺术运动都是一场“运动”，即在逐步升级的挑战中，极具激励性的背景、不断升级的挑战和不受拘束的实验推动着事物“前进”。同样的道理也适用于科技。在今天这个时代，各种设备和应用程序的创新脚步日益加快，几乎每天都在发生变化，它们统一和增强了我们所生活的物理世界和虚拟世界，促成了一个连续的世界。这件事之所以发生，是因为强烈而偶有轻率的参与文化（即社会生态）定义了科技和创业中心的工作。每一个成功都对应着史诗般的试错故事，每一个失败也是如此。（本书后面还会谈论我们对“失败”的强烈文化迷恋。）作为“看到不同”的工具，参与的例子不仅包括艺术和商业上的成功故事。它还体现在神经科学领域。

当我在加州大学伯克利分校读研究生时，我的导师是一位聪明而奇特的女性，名叫玛丽安·戴蒙德（Marian Diamond）。我之所以成为神经科学家，而不是继续逃课踢足球并被大学开除，全都是因为她。作为第一位在加州大学伯克利分校获得解剖学博士学位的女性，她从20世纪50年代起就拥有了离经叛道、勇于开拓的鲜明特点。当我就读于这所学校时，校园里流传着一个故事：在每个学期的第一天，玛丽安会把一个人类大脑带进大教室。我后来也继承了这种做法。她会带着一个帽盒走上讲台，然后从帽盒中举起一个……人类大脑。一部关于她的纪录片展示了这个场面，她在片中白发苍苍，戴着眼镜，穿着时髦的蓝色西服，手上戴着外科手套。她说了一句俏皮话，使大教室里的众多学生感到又好笑又惊奇："当你们看到一位女士拿着帽盒时，你不知道她拿的是什么。"接着，她举起这个潮湿的黄灰色物体，让大家观看。"你的大脑应该也是这样的。"

玛丽安激励了我，因为她是真正的教师，不仅专注于观察什么，而且关注如何观察。在她看来，她是大脑物理适应性的首批研究人员之一。在20世纪的前半叶，主流科学观点认为大脑是一个静态命题……你的大脑是由你的基因决定的，仅此而已。祝你好运！不过，玛丽安和其他人通过研究和实验证明，这种观点是错误的。大脑会与环境相匹配，这种匹配可能有益，也可能有害。大脑皮层在"丰富"的环境中变得更加复杂，在"贫瘠"的环境中变得更加简单。

玛丽安对于大脑形态与环境的兴趣促使她在老鼠身上研究了这种"丰富范式"。实验是这样的：一组老鼠被关在充当丰富环境的大笼子里，"探索对象"定期得到更换，以添加新鲜度和变化；另一组老鼠被关在充当贫瘠环境的小笼子里，没有刺激性玩具。一个月后，老鼠被杀死，它们的大脑被提取出来，用于观察和分析。玛丽安发现了决定性证据，证明大脑的塑造不仅出现在发育期，而且存在于

整个生命过程中。因此，生物的感知可以得到极大的改变。[23]

如果你为具有可塑性的人类大脑提供一个平淡而没有挑战性的环境，它就会适应缺乏挑战性的状态，表现出迟钝的一面。毕竟，大脑细胞是很昂贵的，所以这是一种保存能量的有用策略。另一方面，如果你为大脑提供复杂的环境，它就会响应这种复杂性，做出相应的适应。玛丽安等人发现，这种匹配能力通过释放促进大脑细胞及其连接生长的生长因子来丰富大脑的物理组成。

当人类面临贫瘠的环境时，我们可以看到大脑匹配能力阴暗而具有破坏性的一面。20 世纪 80 年代末期和 90 年代初期，当罗马尼亚孤儿的生存条件以影像的形式从之前处于封闭状态的角落传到西方时，人们感到了震惊。许多儿童营养不良，受到了虐待，被手铐铐在床上；他们被限制在过度拥挤的生活区，被迫在自己睡觉的地

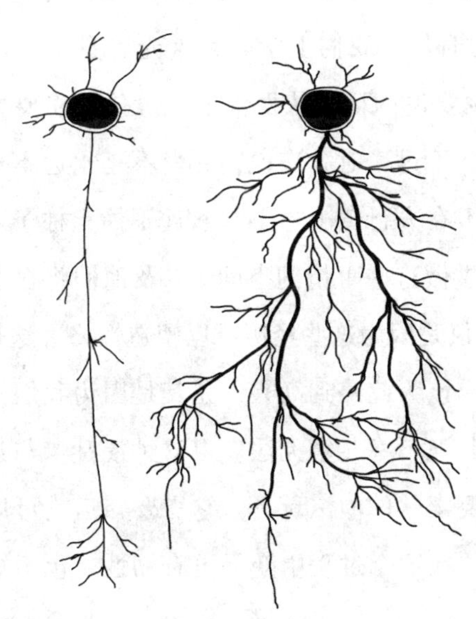

方上厕所，有时甚至被穿上约束衣。这些儿童生活在极为贫瘠、令人无法想象的糟糕环境里，面临极少的人际接触和强烈的限制，因此他们的认知能力不高，而且存在更多的情绪和心理问题。一项研究考察了这些儿童离开贫穷的养育机构以后的神经发育，发现一些“大脑行为回路”最终的确达到了正常水平。不过，他们的记忆成像和抑制控制能力仍然落后于正常水平。[24]

这与教养直接相关，而在孩子的培养上，许多错误的策略同时存在于个人层面和集体层面。我们习惯于听到“娇养”（coddling）和“直升机父母”（helicopter parenting）等热门词语，但我认为这些文化趋势是有问题的。作为神经科学家，我所关心的不只是参与目前的辩论；我希望我们更好地理解孩子的大脑需要什么，从而共同创造出更加适合儿童发展需要的生态。考虑一下我们的社区里严格的健康和安全管理吧。我是一名父亲，所以你可能认为我接下来会说：“在我小的时候，我们上学时常常光着身子在雪地里走上一英里！”这不是我要说的话。从根本上说，孩子需要关爱，需要大人的笑声和尖叫。不过，对我来说，关爱不是永远不从粗糙的斜坡上滑下来，永远不在人行道上摔倒，永远不撞上柱子。准确地说，关爱是为孩子提供做这些事情的空间（以及他们将在事后得到安慰的信心），这不仅仅是因为这些经历可以塑造性格。这是神经系统的经验过程，我们应该为此感到高兴，尤其是因为我们知道罗马尼亚儿童和世界上的其他不幸儿童无法获得这种混乱参与过程的好处。大脑并不总是需要柔软的泡沫玩具。它需要知道它可以在被击倒以后重新站起来，并在这个过程中变得更有韧性，包括短期韧性和长期韧性。（本 · 安德伍德经常在操场上和学校里弄伤自己。当学校让他给他的母亲打电话时，母亲会让他继续叩动舌头。）如果我们继续以长期风险为代价降低短期风险，就会培养出“在适应上存在困难的”一代人，因为如果你在棉花里长大，你就会变成棉花……蓬松、柔软，很容易被点燃。

我们需要顺应天性的孩子！

不过，需要接纳风险的不只是我们的孩子……还有我们的文化。

你的大脑的过去还包括你的文化生态系统。毕竟，文化本身只不过是大脑的另一个产物，是思想和行为的集体表现，因此它也会通过挑战成长和适应。这种充实通常具有艺术的形式。关于“匹配”的文化过程，最好的例子就是俄国实验作曲家伊戈尔 · 斯特拉文斯基（Igor Stravinsky's）的《春之祭》(*The Rite of Spring*)。1913 年春天，这部极具影响力的作品首演于巴黎。这也许是音乐史上最具传奇色彩的首演。

斯特拉文斯基是他那个时代的单人版“性手枪”乐队。他的《春之祭》乐谱新奇而大胆，充满了他对旋律和韵律的激进实验。在那个 5 月的夜晚，当乐队开始演奏时，当俄国芭蕾舞团的舞者开始表演时，刺耳的音乐震惊了观众，他们很快变得躁动起来。当时的一份报道称：“剧院似乎遭遇了地震。”这部音乐作品使观众变得越来越烦躁，他们甚至开始做出与经典音乐会完全不协调的表现。他们大喊大叫，对台上的人大肆侮辱，并且吹起了口哨。人们拳脚相向，打起架来。警察迅速赶到了现场。虽然演出仍在继续，但局面最终演变成了一场骚乱。[25] 当时的一份评论写道："这是史上最不和谐的音乐……其他乐谱从未以如此热情而持续的方式表达对错误音符的崇拜；从第一小节到最后一个小节，你所期待的音符从未在现实中出现，你所听到的是相反的音符，是不应该出现的音符；不管之前的和声意味着接下来应该出现怎样的和弦，你所听到的总是另一个和弦。"这还是一篇赞赏性的评论！

几个月后，在同年7月，《春之祭》在伦敦再次上演。这一次，观众很喜欢这部音乐作品。他们接受了作品，没有人抗拒，没有人吹口哨，更没有发生骚乱。在短短两个月时间里（巧合的是，这与"感知空间"皮带的佩戴者开始以不同方式感知空间时所花费的时间几乎相同），文化的"大脑皮层"得到了新环境的重塑。今天，《春之祭》被视作20世纪最重要的音乐作品之一。简而言之，不仅人类的大脑发生了变化，集体的文化大脑也发生了变化。二者都在不断重新定义"常态"，它们每一秒都在创造新的常态。因此，我们现在对于同一部音乐作品的听觉感受与第一批听众是不同的。

具有讽刺意义的是，我们不仅必须做出适应性改变，而且最好的改变有时恰恰是学习如何保持不变，这本身对你的大脑是一项具有挑战性的练习。由于我们在进化中学会了不断重新定义常态，因此曾经的独特变成了普通（常态）。所以，在人际关系中，某人曾经吸引我们的特点（比如慷慨、幽默感）最终不再使我们感到神奇，变得很普通。在成为常态的过程中，这些特点变成了预期，其代价是，我们不再认为对方独特或不同寻常，而是认为他们很正常。在这个过程中，我们可能会认为他们是理所应当的，甚至对他们产生反感。

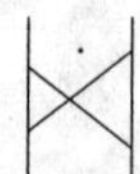

这当然适用于所有情况：我们会习惯于他们的优点和缺点（对于受到虐待的女性来说，各种暴力变成了“可以接受的”常态，而不是极为偏离常规的极端行为）。这是一个极为自然的过程：对方的身体变成了常态，他们的笑声变成了常态，激动的感觉突然消失了。不过，这不是必然的！

每次看到日出时，我们都会觉得很美。当你早上醒来看到另一个人时，你应该像看到日出一样。我们如何维持这种新鲜感？一种方法是共同做新鲜的事情。这是有用的外部因素。不过，这件事的关键来自内部。那么，面对一个在进化中学会了习惯其他事物的大脑，我们应该用怎样的原则维持独特性呢？我们应该维持更大的框架（通常被称为视角）。

正像我们将在下一章看到的那样，大脑所做的一切都是相对的。如果我们将另一个人的平均水平作为感受他的基础，那么根据定义，他的行为就会很普通（不管他在客观上多么优秀或糟糕）。不过，如果我们根据更为根本的基准（而不是他们自己的平均水平）来感知他人，我们就可以对于他们的身份和行为维持感知上的独特性。这种绝对基准的一个例子是死亡以及对死亡的恐惧。存在主义哲学家相信，我们所做的一切都与我们的死亡意识存在某种联系。我的观点是，我们所做的一切都是基于不确定性，我们后面还会深入探索这一话题。现在，你只需要知道，大脑还可以维持恒定。在世界的变化过程中——更重要的是，在感知的变化过程中，在大脑的适应过程中，大脑可以不断看到相同的事物。

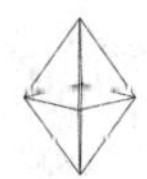

归根结底，大脑的运转就像肌肉一样，具有用进废退的特点。近乎神奇的适应现象以及感官的增强常常来自逆境，比如本·安德伍德“观察”事物的方式……但这并不是必需的。例如，音乐家可以听到其他人听不到的事物。为什么？因为同其他人相比，音乐家为大脑创造了另一个更加复杂的历史，这个历史始于他们需要适应的不确定性。在这个过程中，他们的听觉大脑皮层发生了变化。同英语国家的人相比，俄罗斯人对不同红色的感知具有更大的分辨力，因为他们的语言中包含许多表示红色的单词，这使他们对红色的理解更加细微。[26]在德国，失明的女性被训练成了“医疗触觉检查员”，以便为人们提供乳房检查，因为与没有失明的妇科医生相比，她们可以检查出更多肿瘤！[27]这些精彩的例子说明了偏离“常态”的创新可以使我们进入新的感知世界。

不过，这并不是学习如何最有效地参与世界、打开创造之门的全部图景。在下一章，我们会揭示我们容易出现“错觉”的特点，说明错觉实际上并不存在，真正存在的只有背景。是它将过去的感知和现在联系在了一起。

第4章 错觉的错觉

我们现在知道，信息是没有意义的，我们通过参与制造意义。现在，我们必须理解感知的背景是如何决定我们实际看到的事物的。

为什么背景意味着一切？

1824年，因肥胖而备受痛风折磨的法国国王路易十八遇到了一个问题，这个问题与他的健康没有任何关系。巴黎最有声望的织锦厂、由王室所有和运营的哥白林皇家制造厂生产出的织物正在面临越来越多的质量抱怨。[28] 人们声称，陈列室里展示的彩色丝线（勃艮第大红色、草绿色和太阳金色）与顾客带回家的织物具有不同的颜色。[29] 如果是在以前，这可能不是一件紧迫的事情。不过，对于采取中间路线的路易国王来说，提高大众对王室的支持是最优先的任务之一。在血流成河的法国大革命中，路易十八流亡到了国外。1815年，拿破仑在滑铁卢战败以后，路易十八回到了国内，成了国

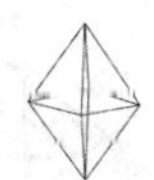

王。在他统治期间，他希望恢复君主政治。所以，他需要找到一位科学家，以便弄清这些织锦到底出了什么问题。

他找到了米歇尔·欧仁·谢弗勒尔（Michel Eugène Chevreul）。

谢弗勒尔是一位年轻的法国化学家。凭借对于皂化的研究，他在这个新兴领域确立了自己的名声。[30]皂化指的是用油和脂肪制造肥皂。在今天，就连许多不发达国家也拥有大量廉价而有效的肥皂，因此谢弗勒尔的工作听上去可能不是很特别。不过，在19世纪的法国，青霉素的使用还要等待一个世纪，感染很容易使人丧命，工业规模的肥皂生产才刚刚开始。类似地，人们还没有利用电力为生活提供照明，因此谢弗勒尔创造出的明亮的无甘油星式蜡烛也使他成了那个时代一位“闪耀的”创新家。

谢弗勒尔可以凭借他的发现和努力成为百万富翁级实业家，但他却是一个简朴而具有传奇色彩的科学人士，只对研究事实真相的日常工作感兴趣。他的学生喜爱他，他的同事敬重他。他有一头随着年龄的增长而日益蓬乱的波浪状头发，这头蓬乱的白发与后来爱因斯坦的标志性形象很相似。谢弗勒尔每天只吃两顿饭，一顿是在上午7点，一顿是在晚上7点。在一天中的其他时间，他一直待在实验室。当记者在他86岁那年向他询问这个习惯时，他解释说：“我的年纪很大，但我还有很多事情要做，所以我不想把时间浪费在吃饭上。”[31]

当路易国王将谢弗勒尔任命为哥白林工厂的染色主任时，这位化学家还不到40岁。为了确定织锦出了什么问题，他的确有许多事

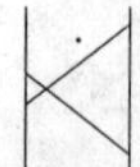

情要做。毕竟，这是没有道理的：这里的织物质量在世界上应该是名列前茅的，但是一些完全无法解释的事情却在破坏它们，在物理上改变它们，至少看上去是这样。

你可以想象谢弗勒尔每天走进拥有四根门柱的庄严的工厂入口。在空旷的大厅里，织布机有节奏的嗡嗡声向他迎面袭来。接着，他把自己关在办公室里，研究国王让他解决的问题。对于像他这样的人来说，问题就是目标，而目标比食物更能让人充实。“为了履行作为染色工场主任的职责，我需要研究两个完全不同的主题，”他后来回忆道，“第一个是颜色的对比……第二个是染色的化学原理。”在他研究肥皂的工作中，谢弗勒尔可以出色地分解复杂的化合物，以理解它们的成分和生成方式。因此，他的研究需要深入钻研事物(这可能就是路易国王认为他是这份工作合适人选的原因，透过看上去具有欺骗性的丝线外表，解开染色的化学秘密)。在之前的工作中，他一直在同玻璃和火焰打交道，将各种物质煮沸，在充斥着油脂气味的环境中分析它们的组成。不过，到了现在，这些方法第一次失去了作用。染料之中没有任何秘密。你可以想象看上去不可阻挡的谢弗勒尔面对这种情况时是多么沮丧。根据他的有机化学背景，进一步考察哥白林织物的内部成分也许是一个自然的选择。不过，他没有这样做，而是将目光转向了外部，转向了其他织物。

他首先跟踪了法国不同地区以及国外工厂的羊毛样品，以比较它们的质量。不过，这是一条死胡同：他发现哥白林的织物明显优于其他织物。所以，顾客提出的抱怨也许不在于织物的材料性质。谢弗勒尔想，这个问题是否与化学无关，甚至与织物无关？问题是

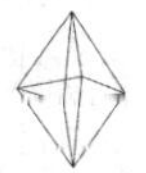

否出在顾客本人身上？不是他们对颜色的抱怨有问题，而是他们对颜色的感知有问题？也许他们对织物的感知是“错误的”？所以，谢弗勒尔以更加敏锐的目光深入考察织物，关注每一条纱线的周围。是的，纱线还是一样的，但他现在研究的是不同颜色的纱线，这与那些在陈列室里单独摆放的纱线样本不同。他就是在这个时候“解开”了秘密。

谢弗勒尔发现，工厂的危机实际上与质量无关，只与感知有关。不同颜色纱线的物理材料并没有发生变化，但是顾客观察它们的背景发生了变化。单独放置的颜色和与其他颜色拼接在一起的颜色看上去是不同的（见 80 ~ 81 页图中间的圆）。谢弗勒尔在描述他的发现时说：“我认识到，顾客之所以宣称黑色缺乏活力，是因为它们旁边连接着其他颜色，这件事涉及颜色对比现象。”[32] 是织物内部的颜色关系改变了其中每一种颜色的外观。这些颜色没有发生客观变化，但观察者的感知发生了变化。人们并没有准确看到物理现实。

当然，包括谢弗勒尔在内，没有人知道这是为什么。在 19 世纪的法国，“颜色在相互之间没有发生物理作用的情况下发生变化”的观点是极具挑战性的，我们现在的解释就更加具有挑战性了。化学不久前刚刚摆脱炼金术的魔法信条。不过，显而易见的是，人类某种奇怪的生理性质是人们对哥白林织物所有抱怨的罪魁祸首。

1835 年，经过十几年的研究，谢弗勒尔出版了《和谐和对比颜色的原理》（*The Principles of Harmony and Contrast Colors*）一书，讲述了自己漫长而奇怪的研究历程。他在前言中写道：“我恳求读者在看到关于同时对比现象的论断时永远不要忘记，‘一种颜色由于旁边的另一种颜色而改变’这一说法并不意味着我们所看到的两种颜色或者说两件实物发生了物理或化学上的相互作用；它只意味着当我们同时感知这两种颜色的印象时，它们在我们眼前发生了改变。”谢弗勒尔认识到，“现实”的变化发生在大脑之中，而不是发生在外部，这一思想跨越曾经使歌德在彩色阴影上栽了跟头。

在谢弗勒尔取得突破后的岁月里，他关于感知的研究有力地扩展到了其他领域，导致了颜色理论的创立，这种理论今天仍然在被艺术家使用。颜色理论包括对于对比效果以及著名的谢弗勒尔色盘的研究。谢弗勒尔色盘是一种圆盘，显示了每一种颜色的感知是如何被周围颜色影响的。

谢弗勒尔的研究使艺术家们第一次拥有了谈论我们最抽象的感知之一及其相互作用的通用语言，尽管画家们几个世纪以来一直在使用并置和背景。和谢弗勒尔同时代的欧仁·德拉克罗瓦（Eugène Delacroix）曾经发表过一句有名的吹嘘性言论：“我可以用泥浆为你画出维纳斯的皮肤，条件是你允许我按照自己的意愿描绘她周围的事物。”德拉克罗瓦非常善于利用这种几乎击垮哥白林工厂的“错觉”，他影响了后来的印象主义画派，该画派支持更加“真实”但不太“现实”的感觉。最近，已故的光线设计专家丹·弗拉文（Dan Flavin）和画家布里奇特·莱利（Bridget Riley）等当代艺术家将他们对于感知的有意识运用发展到了新的极致。弗拉文尝试了他所说的“颜色的偶然”，其要点在于不包含观众认为他们看到的颜色。莱利五颜六色、令人眩目的帆布上的颜色条纹和波浪（与她更著名的、对感知加以利用的单色作品形成了对比），可以根据相邻颜色的不同

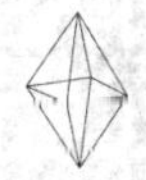

lMichel Eugène ChevreulMichel Eugène Chev
Eugène ChevreulMichel Eugène ChevreulMich
hevreulMichel Eugène ChevreulMichel Eugen
lMichel Eugène ChevreulMichel Eugène Chev
Eugène ChevreulMichel Eugène ChevreulMich
hevreulMichel Eugène ChevreulMichel Eugen
lMichel Eugène ChevreulMichel Eugène Chev
Eugène ChevreulMichel Eugène ChevreulMich
hevreulMichel Eugène ChevreulMichel Eugen
lMichel Eugène ChevreulMichel Eugène Chev
Eugène ChevreulMichel Eugène ChevreulMich
hevreulMichel Eugène ChevreulMichel Eugen
lMichel Eugène ChevreulMichel Eugène Chev
Eugène ChevreulMichel Eugène ChevreulMich
hevreulMichel Eugène ChevreulMichel Eugen
lMichel Eugène ChevreulMichel Eugène Chev
Eugène ChevreulMichel Eugène ChevreulMich
hevreulMichel Eugène ChevreulMichel Eugen
lMichel Eugène ChevreulMichel Eugène Chev
Eugène ChevreulMichel Eugène ChevreulMich
hevreulMichel Eugène ChevreulMichel Eugen
lMichel Eugène ChevreulMichel Eugène Chev
Eugène ChevreulMichel Eugène ChevreulMich
hevreulMichel Eugène ChevreulMichel Eugen
lMichel Eugène ChevreulMichel Eugène Chev
Eugène ChevreulMichel Eugène ChevreulMich
hevreulMichel Eugène ChevreulMichel Eugen
lMichel Eugène ChevreulMichel Eugène Chev
Eugène ChevreulMichel Eugène ChevreulMich
hevreulMichel Eugène ChevreulMichel Eugen
lMichel Eugène ChevreulMichel Eugène Chev
Eugène ChevreulMichel Eugène ChevreulMich
hevreulMichel Eugène ChevreulMichel Eugen
lMichel Eugène ChevreulMichel Eugène Chev
Eugène ChevreulMichel Eugène ChevreulMich
hevreulMichel Eugène ChevreulMichel Eugen
lMichel Eugène ChevreulMichel Eugène Chev
Eugène ChevreulMichel Eugène ChevreulMich
hevreulMichel Eugène ChevreulMichel Eugen
lMichel Eugène ChevreulMichel Eugène Chev
Eugène ChevreulMichel Eugène ChevreulMich
hevreulMichel Eugène ChevreulMichel Eugen
lMichel Eugène ChevreulMichel Eugène Chev
Eugène ChevreulMichel Eugène ChevreulMich
hevreulMichel Eugène ChevreulMichel Eugen
lMichel Eugène ChevreulMichel Eugène Chev
Eugène ChevreulMichel Eugène ChevreulMich
hevreulMichel Eugène ChevreulMichel Eugen
lMichel Eugène ChevreulMichel Eugène Chev
Eugène ChevreulMichel Eugène ChevreulMich
hevreulMichel Eugène ChevreulMichel Eugen
lMichel Eugène ChevreulMichel Eugène Chev
Eugène ChevreulMichel Eugène ChevreulMich
hevreulMichel Eugène ChevreulMichel Eugen

Michel Eugene Chevreul

而发生变化，这与哥白林织锦非常类似。

米歇尔·谢弗勒尔在染色主任的位置上工作了30年，最终在102岁那年去世。他是化学史上最显赫的人物之一，一直过着以工作为导向的简朴生活。相比之下，雇用他调查织锦的路易十八在将谢弗勒尔任命为染色主管的那一年（1824年）秋天去世了。这位国王并没有活着看到织物颜色发生变化的原因，这也许是一个比较好的结果，因为他也没能看到法国君主制几十年后彻底被推翻的结果。哥白林工厂的混乱并没有影响法国历史，但它改变了艺术史。

说到感知……即使是在最简单的大脑层级，即颜色感知（如果某件事情适用于这一层级，那么它也一定适用于比这更加复杂的所有层级），谢弗勒尔的故事告诉我们的最重要的道理是……背景意味着一切。

为什么？

要想回答这个问题，我们不仅要理解大脑是如何工作的，而且要理解身为人类意味着什么。（顺便说一句，我们还要理解身为蜜蜂，或者其他任何生命系统，是什么感觉，因为蜜蜂也会看到所谓的错觉，这意味着它们进化出了与我们类似的感知技巧。）

> “背景意味着一切。”

大脑必然是一个连接性器官……是终极的超级社交系统。因此，它通过关系来运转。大脑不会做绝对的事情。这是因为，意义无法在真空里形成。我们感受到的所有信息也许是无意义的，但如果没有一百万个同时出现的不同的交互性模糊概念，大脑无法为它那庞大的解释系统提供任何支持。背景和定义背景的关系（比如连衣裙例子中一幅图像不同光谱区域之间的关系）一直在变化。虽然我们无法接触任何光谱刺激源的客观现实，但是空间和时间中的重合关系为我们提供了大量比较数据，可以供我们的神经信息加工过程构建有用的主观感知响应。检测不同（或对比）对于大脑的运转非常重要，因此当我们的感官缺少不同的关系时，它们会停止工作。换句话说，我们需要对于常规的偏离。

以眼睛及其工作方式为例。扫视和微跳视是你的眼睛一直在进行的微小而无意识的颤搐运动。它们是抽搐版的“织锦”（这是为了让我们的主题保持一致）。这些神经生理运动使我们看似平滑的视觉成为可能。证明这一点的人是苏联心理学家阿尔弗雷德·亚尔布斯（Alfred Yarbus）。20世纪50年代，亚尔布斯制造了一个发条橙式的装置（Clockwork Orange-esque contraption），可以让一个人的眼睛保持睁开的状态，并且将他的眼皮向后拉，以增大曝光面积。当亚尔布斯向被试者展示视觉刺激时，他通过一个“吸收帽”（suction “cap”）跟踪被试扫视运动的弧线和直线。亚尔布斯的设备生成的扫视抖动图象像艺术素描一样，它证明了运动与不断寻找不同的结合是视觉的必要条件。实际上，由于对比对于视觉非常重要，因此我们可以提出一个非常简单的问题：如果消除对比，会发生什么？答案是：你会失明。没有空间或时间的差别，你什么也看不见。请亲自试试吧。

不要担心，下面的自我实验没有痛苦（而且很简单）：用一只手

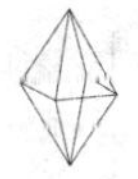

盖住一只眼睛。将另一只手的拇指和食指轻轻地放在另一只眼睛的上下眼皮上。（如果你有卡钳，那就更好了，但是你怎么会有卡钳呢？）接着，让这只眼睛保持张开的状态，把它固定住。你将这只眼睛的静止状态保持得越好，你就越是能够及早看到效果。看着一幅稳定的图景，努力做到不移动头部。

你所做的是限制你的扫视运动，从而切断你的大脑创造视觉图景所需要的具有差异的关系性信息。简单地说，你消除了背景的实质，从而屏蔽了大脑制造意义的能力。所以，你短暂地失明了。很快，你眼前的图景会开始模糊，被斑点蚕食。你的世界会逐渐消失，眼前的图景会变成一片粉白色。好的，你现在可以试一试了。

这是怎么回事？我希望你现在可以更好地、更加深刻地认识到你的感知和你的世界之间以及你的感官和你的大脑之间发生的所有看不见的过程。这件事的关键在于，通过阻止眼睛的运动，时间和空间的变化、差异和对比消失了，整个世界也就消失了，尽管你仍然睁着眼睛。因此，你的大脑只对变化、差异和对比感兴趣，它们都是你的大脑需要解释的信息源。不过，考虑到我刚才让你做的“冻结眼球”实验的机械性质，你可能对于我在几页纸之前介绍的阐释人类本质的背景产生怀疑。下面是问题的关键：你的大脑从背景中提取所有关系，并为它们赋予行为意义。换句话说，关键在于行动……它是将过去的感知和现在连接在一起的桥梁。

想一想前面提到的贝克莱主教的观点。我们无法直接接触世界，因此参与世界非常重要……因为我们只能通过经验在无意义的事物中获得意义。接着，我们所得到的意义会变成我们的一部分过去，变成我们大脑的感知数据库。因此，我们的世界和其中的经验为我们提供了关于我们目前表现如何的反馈。大脑会存储关于哪些感知有用（即哪些感知可以帮助我们生存和成功）、哪些感知没有用的数据。我们带着这种历史前行，并将其应用到所有需要做出反应的情形，这几乎等同于我们有意识生命的每一秒。不过，这里的关键是不要把有用性和准确性弄混。你的大脑不会记录什么是“正确的”，以供未来参考。忘记正确性的观念吧，因为超越准确性的整体概念非常重要。为什么？因为对感知来说，“准确”的概念是不存在的。

假设你是动作电影里的主角……一个男性或女性间谍。在一段带有紧张的背景音乐、令人刺激的动作戏中，你在屋顶上逃脱别人的追赶。欧式尖塔指向天空，下面是喧嚣的城市。你的心脏在剧烈跳动，坏人在后面紧紧跟随。你掠过一条条挂着湿衣服的晾衣绳，跳过一面墙，冲到了大楼边缘。可恶！你急忙停下来，对眼前的局面进行研究。要么战斗，要么逃跑。你选择了逃跑。你需要在五层楼的高空跳到对面的建筑上。你只有几秒的时间，所以你后退几步，朝着大楼边缘猛冲，然后腾空而起……落在了对面。你成功了。你定了定神，继续奔跑，准备在前方进行更多大胆的跳跃。坏人仍然在身后，你仍然可以听到心跳的声音，但你会逃掉的。

在类似这样的经历过后，直观的想法是，你的大脑准确判断出了你需要跨越的距离。你认为你的大脑真的是用下面的等式计算距离的吗？

$$d = \frac{v\cos\theta}{g}\left(v\sin\theta + \sqrt{(v\sin\theta)^2 + 2gy_0}\right)$$

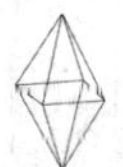

当然不是。我们已经看到，许多感觉是非常违反直觉的。事实上，我们的神经网络在我们的进化历史中经历了数百万次这样的奔跑。所以，你的大脑只是在以有用的方式感知空间，以便使你做出有利于生存的（动作片主角式的）行为。这是因为，对大脑来说，判断准确性实际上是不可能的。

背景将过去和现在联系在一起，因此大脑可以决定有用的反应。不过，你永远无法知道你的感知是否准确。你的统计性感知历史不包括你的感知是否反映了现实。这是因为，还是那句话，你无法直接接触现实世界中物体或条件的源头，即你需要跳过的客观现实，因为你的感知本身将其与源头分开了。要想知道你对现实世界的感知是否准确，唯一的途径是将你的感知与客观的基本现实进行直接比较。这是一些人工智能系统的工作方式。它们具有内在“宗教性”，因为它们需要一个上帝般的人物（计算机程序员）告诉它们自己的输出是否正确，然后将这种新信息整合到未来的响应中。不过，人类大脑不是这样运转的。我们类似于“连接主义”人工智能系统，这种系统没有上帝般的程序员，因此永远无法直接得到关于世界的信息。相反，这些系统会随机修改和复制他们的网络结构。做出“有用”改变的系统会生存下来，因此它们更有可能在未来复制自己。（和人类一样，连接主义人工智能系统还会看到被我们称为“错觉”的效应。）和连接主义系统一样，我们的感知大脑永远无法直接接触物理现实。所以，我们无法知道自己的感知是否准确，因为我们永远无法精确地体验世界。

不过，这并不是问题。

只有我们为行为赋予意义，行为才会具有意义，这种意义就是我们的响应（内部或外部响应）。所以，只有你的响应能够体现你的感知假设，即你的大脑对于这种局面有用性的观念。你的大脑通过感官接收到的关于你的行为的反馈只能帮助你衡量结果……即它所导致的行为是否有用。在跨越大楼的例子中，你的行为显然是有用的。不过，你可能仍然不知道你的大脑和身体一开始是怎样生成逃离坏人的有用跳跃的。很简单：通过提取当前背景中的刺激，将其与你在类似背景中面临类似刺激时的类似情况联系起来。换一种更简单的说法：通过利用过去帮助现在的你……不是认知意义上的帮助，而是反射意义上的帮助。

由于来自五种感官的信息是模糊的，因此我们的大脑制造意义的过程一定是由经验塑造的。（别忘了，我们在前一章讨论过，这种

重要的参与历史发生在三个时间框架下：进化、发展和学习。）我们的大脑在观察事物时只会通过这种历史寻找有用的资源，以提高未来的生存概率。实际上，在生命中的几乎任何情形中，对于接下来将会发生什么，最好的预测是过去类似情形中发生了什么。所以，我们对于任何给定情形的感知只是对于我们响应有用性的衡量，这种衡量超过了我们对于客观现实的衡量。还有一件事……

在生死关头，谁在乎准确性呢？！

你能找到上页图中的捕食者吗？看到它所需要的90%的信息都在图片里。它就在那里。如果你还没有找到它，你就死定了。现在，再看看这幅图。

有用的解释意味着我们可以生存下来，从而将这种解释保存下来，使之成为我们历史的一部分，供我们未来的感知使用。对于客观现实的感知最多只是一个附带产物。

学习外语的困难也可以说明大脑对于有用性永不停止的搜寻是如何在我们自己的耳朵和嘴巴上体现出来的。许多说英语的人在西班牙语的卷舌音 r 上遇到了困难。整体而言，几乎所有学过外语的人都会遇到陌生语音。下面是一个著名的例子。日本人在说英语时常常会把“hello”说成“herro”。这是因为，他们几乎无法听出 r 和 l 的发音区别。这并不是因为他们的语言中没有这些发音。日语中是有这些发音的。相反，这是因为他们的语言没有对二者进行区分。在他们的感知历史中，对二者进行区分是没有用的，因此准确性（听出两种发音的客观区别）并不重要。所以，他们的大脑被训练成了听不出这种区别的状态，因为听出这种区别是没有用的。

我们的颜色感知也体现了大脑对于有用性而非准确性的依赖。光线在物理上存在于线性频谱之中，但我们的大脑视觉皮层在组织光线时将其分成了红、绿、蓝、黄四个类别，这四个类别组成了一个圆环。还记得上学时学习的赤橙黄绿青蓝紫吗？二者说的是一回事，只是后一种说法添加了橙色、靛蓝色和紫色，以便稍微增加一些颜色辨识度。由于人类大脑将光线处理成红、绿、蓝、黄四个类别，这意味着我们只能将其他颜色看成这四种颜色的有限组合（我们无法看到红绿色和蓝黄色）。我们的感觉将光谱的两端（波长最短的一端和波长最长的一端）折在一起，使它们连接起来，形成一个圆环。因此，虽然

我们
不
现
我们
看
过
有用的

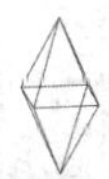

连续光谱的两端是完全不同的，但它们在感觉上却是相似的。

想象这样的场景：一百个随机选择的人从矮到高排成一条直线。一端是两英尺高[㊀]的小孩子，另一端是七英尺高的成年人。这群人保持这种排列，同时将队伍从直线聚拢成圆形，使两英尺高的孩子站在七英尺高的成年人旁边。这就是我们观察颜色的方式，考虑到圆形导致的结果，这是符合逻辑的；但如果从客观组织的角度看，这又是不合逻辑的，因为这就像是将两磅[㊁]重的人放在一千磅重的人旁边一样。所以，我们对颜色的感知与实际物理颜色的匹配仅仅是一种巧合。我们的大脑进化出的处理方式意味着我们永远无法看到颜色的现实。这也是像“连衣裙现象”这样的奇怪混淆和差异得以存在的原因。

我们的大脑进化出了将光线感受成不同类别的能力（这很有用，但完全谈不上准确），因为这是感受视觉刺激的一种极为高效的方式，可以使我们节省脑细胞，用于其他感官的神经处理。（虾蛄可以在自己的环境里生存繁衍，但它们在其他任何环境下都会被自然选择淘汰，因为它们大脑所具有的高度发达的视力意味着它们没有其他资源，比如我们在我们的环境里生存所需要的资源。）有趣的是，正像戴尔·珀维斯、托马斯·波尔格（Thomas Polger）和我首先指出的那样，我们对光线的四色分解在拓扑或制图的原则中得到了反映：你只需要四种颜色就可以绘制出任何地图，并且可以确保没有两个相邻国家具有相同的颜色。这一事实引出了四色定理。四

㊀ 1英尺=30.48厘米。

㊁ 1磅≈0.45千克。

色定理是一个具有传奇色彩的数学问题。一百多年来，数学家一直无法证明这个定理。最终，在 1976 年，肯尼思·阿佩尔（Kenneth Appel）和沃尔夫冈·哈肯（Wolfgang Haken）完成了证明。他们用计算机通过迭代验证了这个定理，这意味着他们尝试了每一种可能想到的组合（这样的组合有几十亿个），从而证明了这个定理是不可推翻的。这是数学定理第一次以这种方式得到证明，这引发了关于这种证明是否真正有效的激烈辩论。

在谈论感知时，地图是一个有用的比喻，因为在最基本的层级上，我们的大脑进化成了我们的某种地图，某种用于指导我们通往“维持生存”这一目的地的道路系统。（反过来，你也可以认为它指导着我们躲避其他一百万个方向，每个方向都会通向死亡。）也许，这一事实以及主观感知相对于客观现实“最尖锐”的例子就是那个人类的普遍体验……疼痛。

你摔下一段台阶，胳膊摔断了。这很疼。你在切番茄时把手指划开了。这很疼。有人一拳打在你的鼻子上。这非常（f*%@^king）疼！（注意，我用四个符号替代了两个字母，但你仍然将其读作“fucking”，因为你的大脑对过去的阅读经历进行了编码。）当你身体受伤时，你感到了受伤的疼痛。不过，疼痛到底是什么？它是和光线一样可以客观测量的事物吗？它是否拥有可以存在于感知和经历之外的物理特性？当然不是！

疼痛不是具有单独物理性的外部现象。同颜色以及我们在意识中体验到的其他事物一样，疼痛不是发生在别的地方，而是发生在

大脑中。当你的臂骨折断时，你的手臂之中并没有发生“疼痛事件”；当你的的拇指出血时，你的皮肤上并没有发生“疼痛事件”；当你的眼睛瘀青时，你的眼睛周围也没有发生“疼痛事件”。当然，你感觉到了疼痛，但这仅仅是一种极为有用的感知投射而已。疼痛不是发生在别的地方，而是发生在你的大脑里，通过一种复杂的神经生理过程表现出来，尽管这并不会使你的体验失去任何真实性。你的疼痛感受器是一种特殊的神经元或神经末梢，它会记录伤害，将信息传递到你的神经系统，包括你的大脑。（疼痛感受器在身体周围的分布是不均匀的；根据定义，手指尖、乳头和其他对于触觉特别敏感的区域比手肘等区域拥有更多的疼痛感受器。）从这种意义上说，疼痛的确伴随着一些客观的生理现象，但我们感受到的是这件事的意义，而不是它本身。

既然疼痛仅仅是一种感觉，为什么我们会觉得疼痛是一种事实呢？疼痛是你的大脑、身体和周围世界之间的对话，这种对话讨论了某种危机，以及某种响应。疼痛是你在当前背景中取得成功（或者缺乏成功，此时它更像是刚刚被按下的紧急按钮）的伴随结果以及行动的刺激因素。疼痛不是“准确的”，因为对我们的大脑来说，准确是不可能的，也是不重要的。疼痛是警报的响声，是生死攸关的紧急通报，它明确告诉我们，我们必须做点什么！

所以，疼痛是从本身没有意义的信息中获得行动意义的生理感觉，它使我们的大脑将这

看到实，只能到去东西。

种信息解释成我们必须对抗的事件。我们以这种方式对发出尖叫的疼痛感受器做出反应的历史是我们这个物种今天存在于此的原因。这使我们获得了一个极为深刻的真理，它揭示了关于我们每一种行为的事实……

所有感觉仅仅是你的大脑对于过往效用（或“信息的经验意义”）的建构。这是一个科学事实。我承认，这很奇怪。不过，它是怎样发生的呢？这种建构发生在哪里呢？当你理解了我们的感官很少依赖于外部世界、更多地依赖于我们内部的解释世界时，答案就会变得很明显了。

正像我们在前言中看到的那样，你的大脑观察事物所使用的信息只有10%来自你的眼睛。其余90%来自大脑的其他区域。这是因为，眼睛（通过丘脑）通往初级视皮层的每一个连接对应于来自其他皮层区域的十个连接。此外，眼睛通往视皮层的每一个连接（还是通过丘脑）对应于十个反方向的连接，这极大地影响了来自眼睛的信息。从信息流的角度看，我们的眼睛与观看之间的关系很小。观看是我们大脑的复杂网络对视觉信息的理解。因此，“眼见为实”（seeing is believing）这句格言是完全错误的。

> “你看到了什么？将你的答案发送到info@labofmisfits.com。”

事实上，将你与现实隔开的复杂过程令人震惊，同时又非常成功。这引出了一个非常重要的问题：在无意义信息中看到意义意味着什么？过去的意义如何限制目前的意义？为了回答这个问题，让我们将颜色感知与我们觉得具有更多内在意义的某个事物（即语言）联系起来。

这里的任务仅仅是读出你所看到的东西（出声或默读）。

ca y u rea t is

你很可能会读出一个完整而连贯的句子：Can you read this？让我们试试另一个。和刚才一样，读出你所看到的东西。

w at ar ou rea in

根据我的猜测，你读出的是：What are you reading？我的要求是读出你所看到的东西。不过，你却读出了这一串字母中不存在的东西。为什么？因为你的经验使你将英语字母同时出现的统计学信息写进了大脑中。所以，你的大脑利用语言的经验历史读出了过去你读到的有用的信息，读出了不存在的单词（就像之前的f*%@^king一样）。不过，请注意，即使这句话用字母取代实际单词，你仍然可以

> 46%的人看到了“is seeing believing”，30%的人看到了“seeing is believing”，24%的人看到了“believing is seeing”。

What are you dreaming?

读出它的意义，因为这些字母序列并没有内在价值。它们是我们历史和文化的产物。这使我们回到了大脑对关系的需求：在不同字母之间建立联系。

不过，这里还有其他寓意。虽然你的“阅读”是有效的，但它并不是唯一的阅读方式。你为什么不把它解读成……？

你在对背景做出响应，这限制了你。我创造出了一种情形，使你在参与某种阅读形式时用大脑寻找填充空白的最有用方式……将其读作 reading。这是完全合理的。不过，请记住，这里没有为你创造意义的物理定律。字母和字母序列本身是随意的。简而言之，它们具有内在无意义性。它们只能通过历史获得意义。你的大脑根据你的感知历史为你带来它所认为的最有用的响应，但这并不是唯一

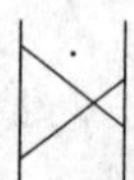

的响应。

我们在第 1 章的明暗对比练习中看到，我们无法看到现实，我们的大脑创造了关于光线的意义。灰色正方形在你的感受中改变了颜色，尽管它们客观上是一样的，因为你的过去以有用方式构造了当前不同“灰度”的意义。我们已经更好地理解了这是为什么。现在，让我们重新探讨灰色的感知。

在上一页的图片中，我们再次看到了灰色正方形。这一次，它们是两个具有类似场景、光线灰暗的房间里的地板砖块。由于不同的“背景”，它们似乎仍然具有不同的灰度。事实上，它们是一样的。现在，让我们在打开灯的情况下观察两个场景，看看发生了什么。

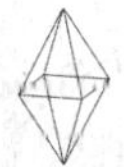

忽略两个场景最左边和最右边的其他砖块。在左边的场景中，观察桌子下面花瓶正下方的砖块。它看上去几乎是白色的。现在，观察右边场景中茶杯右边与之对应的砖块。它是深灰色的。不过，这两个砖块具有完全相同的灰度。

我所做的只是改变了场景中的信息，这改变了它们基于你过去的经历最有可能具有的意义。在这个例子中，桌子下面阴暗背景的"意义"是"阴影"，而右边图片中的阴暗背景意味着"阴暗的表面"。通过改变信息，我改变了你的大脑通过感官信息创造出的砖块的意义。两个砖块仍然位于最初的环境中，但我改变了房间的状态，从而改变了你对这些环境的解读。你所看到的是你的大脑对于"两个砖块对于你过去的行为具有类似经验意义的可能性"创造出的统计学表现。这个过程与你将之前的字母序列读作" Can you read this"的方式相呼应。你的感觉使你以多种方式看待相同的事物，即使你最初觉得只能有一种解读方式。正像你在下面两张图片中看到的那样，适用于单词和光线意义的现象也适用于形状的意义。

观察下页图中四个由木棒对构成的角。每对木棒构成的角都不是 90°，对吗？不对。

在我带你经历的所有这些"错觉"中，我们看到了过去的有用性是怎样塑造你的当前感受的。这种过去来自很久以前的人类进化经历。不过，虽然我们极为擅长在我们无法直接接触的现实中生存，但我们必须对于这种观察大脑进化方式的巧妙方法保持警惕。这是因为，过去有可能将我们的感知困在过去，这使我们回到了谢弗勒尔及其织锦的例子上。

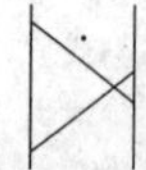

谢弗勒尔对于人类感知的深刻洞见以及他所创造的色盘直到今天依然在影响着艺术领域，但这并不完全是有益的。我所说的不是他的发现促成的艺术作品，而是艺术教导我们理解自己（或者误解自己，使我们无法看到不同）的方式。

> 错觉本身……就是一种错觉！

艺术家喜欢将他们有时创造出的迷惑效应归因于“我们感官的脆弱性”，就像伦敦泰特美术馆对于马克·蒂奇纳尔（Mark Titchner）作品描述的那样。蒂奇纳尔曾获得2006年“特纳奖”提名。不过，这种说法是错误的，因为我们的感官并不脆弱。“脆弱性”描述了在某些情况下对于感知的感觉，尤其是在导向迷惑的情况下，但它并不是一种解释。

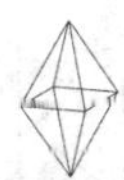

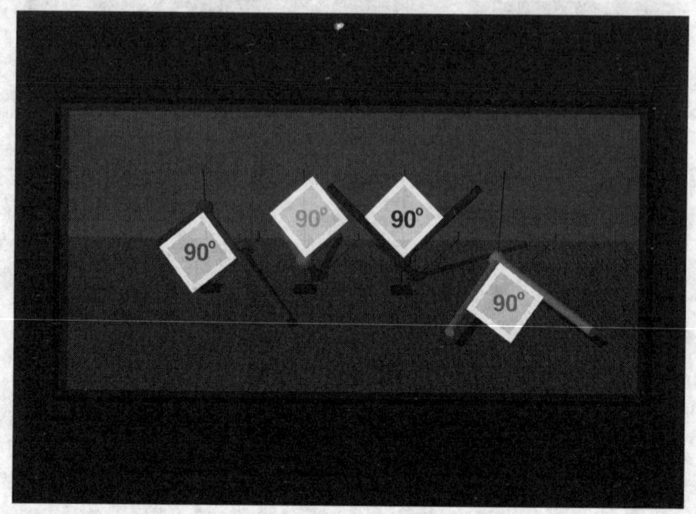

感知不是随机和随意的，而是一种极为系统化甚至具有统计性的、通过行为将过去和现在联系起来的过程。当谢弗勒尔在 19 世纪 30 年代的法国发现我们有时无法看到实际存在的颜色时，这就像现实生活中的魔术一样。不同的是，在魔术中，你知道魔术师在欺骗你……所以，这是一种巫术。不过，魔术（以及这里所说的巫术）的弱点在于，当你知道技巧时，它就不再有趣了。另一方面，我们所说的错觉现象的美妙之处在于，当你知道它们发生的原因时，它们会变得更加有趣。不过，就连这也不是理解这些感知“戏法”的全部，因为当我将我带你进行的这些练习称为错觉时，我的说法是不正确的。错觉本身……就是一种错觉！

如果大脑进化出了看到事物真实情况的能力，那么错觉当然存在。不过，由于大脑没有进化出准确观察事物的能力，而是进化出了以有用的方式观察事物的能力，因此错觉并不存在。所以，我们

对错觉的常规看法存在缺陷，因为这种概念暗示了我们进化出了看到世界真实情况的能力。你现在知道，我们没有进化出这种能力。我们无法看到现实，所以我们只是进化出了看到过去有用的事物的能力。这意味着这样一个结论：要么一切都是错觉，要么一切都不是错觉。现实是，一切都不是错觉。

为了看到不同，我们必须首先以不同的方式看待“观察”本身。我所说的不只是视觉观察，也是深刻的生活观察。毕竟，世界处于不断变化之中。昨天的真理今天可能就不成立了，而这尤其适用于今天，比如今天发展速度看似不合情理的科技和商业界。环境一直在改变，所以我们的感知也必须改变。如果你对于自身大脑的原则获得更加强烈的认识，你就可以看到，过去的经历不仅微妙地影响了我们，而且微妙地创造了我们。知道这一点，你就可以学着掌控大脑功能，从而制造出可能改变大脑未来感知的新的过去。这是我们将在下一章探索的内容。

从本质上说，生活无非是不断试错的经历。生活是经验性的。要想成功，你需要掌控大脑所允许的尽可能多的可能性，以及可能的感知。更加狭窄的视角会为你提供更少的道路。所以，为了避免被限制住，你不仅要阅读背景，而且要梦想背景。不过，这并不容易……因为从感知的角度说，你是一只青蛙。

这不是比喻。我是说，我们的神经信息加工和行为与青蛙具有惊人的相似性，这就是为什么我很喜欢那段表现我们之间相似性的YouTube流行视频。[33] 在26秒的片段里，一只饥饿的青蛙向智能手

机屏幕上的数字蚂蚁扑去，试图用舌头将其吞下，它并不知道——在我们看来（不过，如果事实不是这样，那不是很怪诞吗？）……它在玩一种叫作“碾压蚂蚁”的游戏。它满怀期待地试图吃下一个又一个蚂蚁，直到最终出局。当它的主人按下重启按钮时，愤怒的（也许仅仅是饥饿的）青蛙咬了主人的拇指。这很有趣，但也很深刻，因为我们在许多方面和这只青蛙是一样的。我们只是根据我们过去的感知告诉我们的事情不断做出反应。不过，如果从根本上说，我们的感知和行为与青蛙相同，那么是什么将人类的大脑区别开来，使之变得如此美妙呢？

第5章

梦想成为王子的青蛙

我们所有人都知道，生活既简单又不简单。在任意时刻，你的大脑（以及任何生命系统的大脑）只会做出一个决定：走向或回避某事。我们（和它们）所选择的反应基于历史的假设，就像YouTube上的青蛙一样。因此，所有感知和行为直接体现了对于我们过去的观察有用的事物。不过，我们的大脑和青蛙一定是不同的，这个不同之处是什么呢？是什么使人类的大脑如此美妙呢？（……答案可能会令你吃惊……）我们拥有幻觉！

“是什么使人类的大脑如此美妙呢？（……答案可能会令你吃惊……）我们拥有幻觉！”

幻觉的力量在于，我们可以想象。我们的感觉是一段不断发展、不断变化的故事，我们的大脑不仅允许我们成为这段故事的被动聆

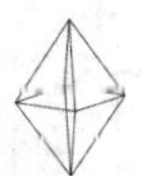

听者，而且允许我们成为故事的编写者。这就是幻觉。我们是能够把自己想象成王子或公主（并且能够将青蛙王子作为这本书中的一个比喻）的青蛙。真正值得注意的是，通过想象，我们实际上可以改变我们的神经元（以及历史），从而改变我们的感知行为。为此，我们需要那个经过高度进化的大脑功能——意识思维。

我们的所有感觉都不具有一维意义。我们的所有感觉都具有多层意义：红色是一层意义，红色的苹果是叠加在一层意义上的另一层意义，成熟的红苹果是叠加在一层意义上的另一层意义上的另一层意义，依此类推。这些层次是递归的，因为我们可以考虑对于个人思想的想法。这种递归不是无穷的，但它可以具有许多层次。这使我们有能力在头脑中探索不同场景和可能性，甚至是不做青蛙的可能性。从字面意义上说，我们每天都在从青蛙变成王子；在这个过程中，我们使用的大脑区域的组合本身代表了我们进化历史的不同阶段，从我们的爬行动物大脑结构到我们再往后进化出来的大脑结构。它让我们做出了最伟大的创造，也让我们产生了最大的恐惧。在我最喜欢的一首诗里，苏格兰优秀诗人罗伯特·彭斯（Robert Burns）是这样描述一只老鼠的（最好在喝威士忌的时候阅读这首诗）：

对于人类和老鼠来说
最好的计划也会带来意外的结果，
我们本想获得喜悦，
但我们只得到了悲伤和痛苦！

不过，和我相比，你仍然很幸运！
因为你只能看到眼前：
啊！我回顾过去，
满是凄凉的回忆！
我无法看到未来，
但我想那一定很恐怖！

彭斯的老鼠实际上代表了意识层次少于人类的所有动物，比如我非常喜爱的那只 YouTube 青蛙。从格林兄弟到迪士尼，青蛙王子的童话比喻已经存在了几个世纪，这正是因为人类大脑的工作方式不同于两栖动物和其他动物。毕竟，就我们所知，动物王国里没有关于人类的诗歌、故事和百老汇音乐剧。和它们不同，我们的大脑允许我们对世界和可能性进行想象。不过，值得一提的是，一些蜘蛛似乎能够想象通往猎物的路线，因为它们可以沿着先远离后靠近的路线走向猎物，这是一件极具认知挑战性的事情。许多狗无法做到这一点，因为许多狗主人都会遇到他们的狗在未封口篱笆的另一边被“困住”的情况。这意味着……和动物世界里的大多数事情一样……人类不一定是独特的，而是占据了区间上的一个点。

关键是：我们所想象的故事深刻地改变了我们。通过想象故事，我们可以创造感受，从而改变我们未来基于感知的行为。这几乎是意识的意义，甚至是唯一的意义：在想象经历的同时不承担这些经历的风险。这不仅适用于现在，也适用于过去的事件。这意味着，除了现实世界的经验性、试错性物理参与，我们还可以用我们的大

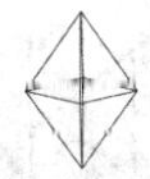

脑从内部改变我们的大脑。我们稍后会学习这样做的工具及其与实际存在的自由意志的关系。现在，我们要专注于如何更加深入地理解我们精彩的幻觉，因为它促成了我们偏离常规的能力。我们会考察为什么我们能够改变我们的多层次意义，从而改变我们的感知方式，这也意味着感知是一种艺术。

在 1915 年 12 月一个寒冷的日子里，在刚刚被更名为彼得格勒的俄国城市里，艺术史经历了一个与之前形成强烈反差的划时代时刻。不久前刚刚被命名的“至上主义”运动的先驱、俄国艺术家卡西米尔·马列维奇（Kazimir Malevich）在多比奇纳艺术局举办了一场名为“最后未来主义画展 0.10”的联合展览。一头黑发、目光敏锐的前卫艺术家马列维奇将一系列拒绝常规的画作公之于众，其中既有他的画作，也有其他人的画作。马列维奇出生于乌克兰，具有波兰农民血统。他热切地相信艺术在生命中的中心地位，因此这次活动对他来说不仅仅是一次艺术展览；他被称为“狂热的时事评论者”和“疯狂的修道士”。[34] 他对于自己呈现给公众的图景怀有深深的信仰，这是有道理的。他在那天晚上展出的作品不像马塞尔·杜尚（Marcel Duchamp）的《泉》(*Fountain*)(实际上是小便池）那样声名狼藉，但它们和《泉》具有同等重要性。它们为 20 世纪接下来的抽象艺术奠定了基础。

展览于 12 月 19 日开幕，它抛弃了对“现实生活”的形象呈现，转向了生硬的几何。这是一种新的艺术，具有有限的形状和颜色，试图生成比现实主义更加强烈的情绪。(具有精致品味的德拉克罗瓦应该会讨厌这种艺术。）那天晚上最具革命性的画作是目前具有传奇

色彩的《黑方块》(*Black Square*)，由马列维奇创作。它的内容和它的名字完全相同——一个黑色的正方形。三年后，1918 年，马列维奇转到了另一个极端，开始尝试明亮而不是黑暗，创作了《白色上的白色》(*White on White*)。这是他当时最为激进的作品，也是当时最具颠覆性的画作之一。这部作品的内容是一个白色正方形上的另一个白色正方形。

《黑方块》和《白色上的白色》之所以成为可能（许多人认为它们还具有重要性和必要性)，是因为马列维奇不是在真空里创作艺术。他在与美学史交谈，与之前的艺术思想交谈，从精致的古代雕带到后印象主义的静物写生。(自然，他也在与谢弗勒尔的色盘交谈，并且暗中否定了它。) 最重要的是，马列维奇在挑战关于“艺术中什么才是美”的公众观点。[35] 他在做出关于毁灭和呈现的历史性陈述，他在试验人类的心灵和头脑对于画面的反应。他这样做的目的是为一种新的美开辟道路。“对至上主义者来说，客观世界的视觉现象本身是没有意义的。”马列维奇在一份宣言中写道。你现在知道，他在不经意间说出了关于艺术感知以及大脑感知形成机制的真理。“重要的是感觉本身，而不是诱发感觉的环境。”[36]

《白色上的白色》的意义不在于其颜料的化学组成之中。如果不考虑它的历史，那么它几乎是没有意义的，至少是具有一种完全不同的意义。(马列维奇大概没有想到，他的标准会被人用到他自己的作品上，但这是事实：他那幅著名的油画是客观世界的视觉现象。) 这也许就是为什么抽象艺术的仇视者仍然将马列维奇视作先锋派虚无主义的高峰，其他一些人则继续崇拜他，用极高的价格购买他的

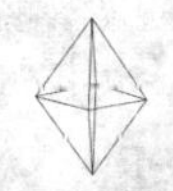

画作——2008年，《白色上的白色》在苏富比拍出了6000万美元。人们购买的是经验意义，是附加在油画上的感觉，而不是油画本身。油画本身没有价值。而且，这种当下的意义不是静止的，它会不断变化，因为它未来的背景历史会继续在油画的基础上扩展开来，就像我们自己的记忆也会变化，因为我们会将未来的记忆叠加在这些记忆之上；每一种记忆的意义都是对整体而非个体的呈现。

考虑到你的感知历史，《白色上的白色》对你意味着什么？

当然，从客观上说，马列维奇这幅著名油画的内容和它的标题公然宣称的完全一样……白色上的白色，或者说两个差不多具有这种状态的色块。这是青蛙看到的事物，也是我们看到的事物。不过，与此同时，我们还会看到更多事物。人类根据思想而生活，这些思想来自他们的生态系统，来自他们与环境的相互作用。这思想是我们看到的事物，是我们产生的想法，是我们采取的行动。

迅速“扫视”你的周围。我们拥有理念、原则和观点。我们有激烈的推特辩论，我们甚至创造了世界年度双关语大赛。这些现象中的重要“材料”不具有任何的物理“真实性”，但它们却是非常重要的感知事物。我们打造的这种多层次意义对我们的生活具有深刻的影响。这就是马列维奇的探索，他甚至在1919年的文本《论博物馆》(*On the Museum*) 中谈到了这一点：“大量思想将从人们中间产生，它们常常比真实的呈现更加鲜活（而且占据更少的空间）。”[37] 这里的“大量思想”不具有任何字面意义的真实性。你无法把它们拿在手里。它们仅仅是一堆文字和概念而已。不过，在谈论大脑及其工作方式

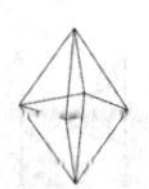

以及如何改变观察事物的方式时……这些事物和其他感受一样真实，因为它们也是感受：你所食用的任何食物的味道，你所忍受的任何伤痛，你所亲吻的任何人。它解释了为什么像詹姆斯·乔伊斯（James Joyce）这样的文学家可以将撰写《尤利西斯》（*Ulysses*）和《芬尼根的守灵夜》（*Finnegan's Wake*）这样的作品作为工作。它还解释了为什么《4分33秒》（*4'33"*）会为美国作曲家约翰·凯奇（John Cage）带来持续的恶名。《4分33秒》是一段4分33秒的……

沉默。

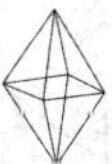

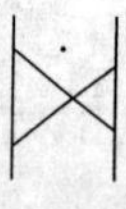

你将“沉默”一词下面的空白解读成了一种视觉沉默，不是吗？“聆听”凯奇这部作品的经历迫使听众提出了这样的问题：沉默和音乐究竟是什么？一种聆听与另一种聆听之间是否真的存在区别？我们很容易想象到一些听众的嘲笑和恼怒，他们认为《4分33秒》是自命不凡的闹剧。我们还可以想象到，在没有音乐的音乐厅里，其他一些人突然意识到，当所有人“静静地”坐在那里时，沙沙作响的声音也许讲述了一个关于观众、聚集、孤独、预期和艺术的复杂而具有启迪性的故事。这完全取决于你的大脑对于一个本质上可以得到不同解读的情况的主观理解。这正是我所说的幻觉……它是人脑制造意义的强大能力，这些意义不仅来自我们所感知的感官信息，而且来自于与视觉、嗅觉、味觉、触觉和听觉毫无关系的抽象思想。

几年前，我和朋友（马克·利思戈（Mark Lythgoe）和马克·米奥多尼克（Mark Miodownik））有幸成为在伦敦南岸海沃德美术馆展出“艺术作品”的首批科学家。这是丹·弗拉文回顾展的一部分。我们在前面讨论谢弗勒尔以及利用色彩感知创造艺术时提到过这位艺术家。我和我的朋友可以使用展厅后方一个完整的房间。我的装置是从20米高的天花板上悬挂下来的一大块透明树脂玻璃，距离地面一米。这块大型玻璃里面镶嵌着正方形的白色小树脂玻璃，给人一种正方形浮动网格的印象。这块玻璃悬挂在一面墙壁前面，二者间隔约为1.5米。墙上有一块巨大的白色帆布。当你从前面观看时，它实际上是另一种形式的《白色上的白色》，因为白色方块被放置在了白色帆布的背景下。

不过，这还不是全部。房间另一边悬挂着五盏巨大的舞台灯，

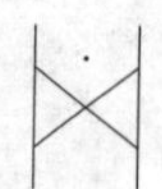

其中四盏灯带有不同颜色的胶化滤光器。中间的灯是白色的。藏在上方壁架上的计算机负责控制灯光，使之按照红灯和白灯、蓝灯和白灯、绿灯和白灯以及黄灯和白灯的顺序照亮。其结果是，每个悬挂起来的白色正方形都会在帆布上投下两个阴影。一个阴影只会被彩色光线照射到，另一个阴影只会被白色光线照射到。自然，彩色阴影呈现出了其光源的色彩，因为只有这道光线能够照射到帆布上的这片区域。值得注意的是，只有白色光线能够照射到的帆布区域（即“白色阴影”）并没有呈现出白色，而是呈现出了与另一个阴影相反的颜色。所以，如果白光和红光照射帆布，“白色”阴影就会呈现出绿色！由于白色正方形突出地悬挂在白色帆布前方，因此这是我所创作的三维版本的《白色上的白色》，同时它也致敬了歌德的阴影，戏谑了白色本身的概念，或者丹·弗拉文所说的在他没有颜色的作品中出现的“后遗色觉”。（注意，你可以亲自重现这一现象。你需要两个普通台灯，用一个灰色胶化滤光器盖住一个台灯，用一个彩色胶化滤光器盖住另一个台灯。将两个台灯指向一面白色墙壁，使它们的照射区域重合。接着，把手放在它们的照射路线上，在墙上形成两个手形阴影。你所看到的颜色可以提醒你，背景意味着一切。）

展览开幕那天晚上非常激动人心，但是事情演变成了一场灾难。海沃德的工作人员遇到了一些严重的问题，弗拉文灯泡爆裂了，电路短路了。我的计算机陷入了瘫痪，这意味着照射艺术品的灯光全都熄灭了。因此，房间里没有阴影，甚至完全没有光源。不过，这种失败不仅令人很难过，而且将会被公众看到。那里聚集了几百人，他们是“整个艺术界”。而我的作品……“出了故障”。不过，这是

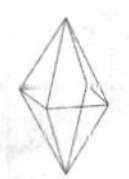

在人们看到它之前的事情，因为“出故障”其实是一个观点问题（毕竟，这里是美术馆）。

在这片阴暗的空间里，我靠在后面的墙壁上，沮丧地考虑是否应该立上一块“发生故障”的牌子。我的右边是通往这片区域的巨大入口（除了我的白色帆布，这片区域完全涂上了黑色油漆），一道柔和的光线透过入口照在我的作品上。因此，白色的帆布上出现了一团非常非常微弱的阴影。这时，两个极具艺术气质的人从这道门走进来，在我的作品前停下了脚步。他们站在那里……站在那里……观察着……移动着……思考着。接着，一个人开始向另一个人“解释”这件作品，他的描述非常引人注目：“注意光线的微妙表现。这些阴影形成了相互对比的形状，在微妙的差异之美中呈现出了相同之中的不同。这太棒了！”

当然，我的作品出了故障。不过，他们对作品的感受却是正常的。他们为自己的体验重新赋予意义的能力恢复了（甚至重新定义了）我对它的体验。当然，他们在作品中看到了意义。他们为什么要认为这个作品出了故障呢？他们的大脑创造了意义，因为他们并不认为我的作品出了问题。

幻觉救了我。

正像我对丹·弗拉文、歌德、马列维奇和贝克莱致敬的经历展示的那样，幻觉是大脑最强大、最不可避免的工具之一。这正是你能够理解这句话的原因。正像我在前言中介绍的那样，我写这本书的目的是提高你对于个人感知源头的意识，从而在你的意识中创造

新的意义层次，使你在未来以新的方式看待你的世界和人生。这种积极的大脑和情绪参与是“看到不同”这一过程的开始。不过，除了思想领域，你还具有字面意义上的幻觉。你不仅无法看到现实，而且可以看到不存在的事物。这是一件好事。不信你就往下看。

“不过，除了思想领域，你还具有字面意义上的幻觉。你不仅无法看到现实，而且可以看到不存在的事物。这是一件好事。不信你就往下看。”

你现在（大概）已经注意到，这本书每个右侧页面的右下角都有一个小钻石。它不是装饰，或者不仅仅是装饰。这些钻石是一种动画书。

我想让你用大拇指迅速翻过整本书，以便观看一部小型简约动画电影。钻石起初向右边旋转，因为这是书中绘制的旋转方向。在进行一次实验以后，我让你再次用拇指翻动这本钻石动画书。这一次，你要想象它朝着相反的方向（向左）旋转。你可能需要试几次。不过，如果你调整一下焦距，看看钻石周围的区域，并且想象它的旋转方向……你会成功的。

你刚刚看到了你的幻觉。根据你的想象，钻石会朝着两个不同的方向旋转；如果你想象自己俯视中心平面，它就会向右旋转；如果你想象自己仰视中心平面，它就会向左旋转。你在改变你的感受。换句话说，由于你的大脑没有进化出看到现实的能力，因此你可以直接控制你所看到的事物。

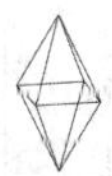

就像你刚才亲眼看到的那样，对于个人感知的思考可以改变你的感知。注意，你所看到的钻石运动当然也是不存在的。所以，你不仅看到了一系列静止的画面，而且看到了它们之间的微小差异，而且将其看作运动（这一现象叫作“飞运动”(phi-motion)）。你看到了变化的经验意义，而不是变化本身。如果没有这种错觉，电影院就不会存在。此外，你还根据你对这种想象中的旋转的思考方式改变了它的方向。听起来就好像你在吸毒一样！

记住：在这里，我们谈论的只是简单的运动。那么，更加复杂的事物呢？钻石动画书只是我们容易产生幻觉的神经倾向的一个极为简单的例子。这种趋势解释了许多手机用户报告的“幽灵振动”感觉，而且解释了为什么一些视频游戏铁杆粉丝在停止游戏几天以后会出现幻听，即“游戏转换现象”。[38] 你还可以想象其他可能性。

在考察如何利用幻觉看到不同之前，我们必须理解你在感知真实事物时大脑中发生的事情与想象之间的差异。为什么这一点如此重要呢？

因为二者之间几乎没有差异……至少没有定性的差异。

留着山羊胡的斯蒂芬 · M. 科斯林（Stephen M. Kosslyn）是一位和蔼的前哈佛心理学教授，也是密涅瓦计划的创始院长。密涅瓦计划是美国高等教育领域的一项大胆创新。科斯林对功能性磁共振的开创性研究从根本上改变了各领域科学家看待感知，尤其是想象画面与视觉画面的方式。科斯林的突破证明了一个结论：对于大脑来说，在视觉上想象事物和看到它们是没有区别的。

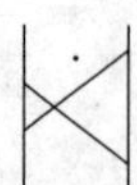

如果你使用过体育训练方法，你也许对这个概念并不陌生。例如，从奥运会雪橇选手和职业高尔夫球员到足球明星，许多精英运动员花费大量时间在视觉上想象他们所从事的运动。这不是什么新方法。不过，在不久前，还没有坚实的科学证据支持这种方法的有效性。“运动想象”是在不采取实际行动的情况下对你所做的某件事情进行“大脑模拟”或“认知彩排”。[39]不过，研究表明，这种做法的影响远远超出了运动领域。

“在心理治疗中，医生可以用心智图像代替实际物体或实际场景，让病人‘习惯于’实际感知这种事物或场景的经历，以治疗恐惧症，”科斯林说，“你可以运行‘大脑仿真’，从而为未来的相遇做准备。你可以用这种模拟决定如何以最佳方式将物体塞进行李箱或者安排家具。你可以用这种模拟来解决问题，发现解决问题的新方法。你可以想象物体或场景的画面，从而增强你对它们的记忆，其效果常常很突出……听觉意象和嗅觉意象也得到了研究。对于这两种意象，人们发现，在感知和大脑想象中被激活的大脑区域存在大量重叠。”换句话说，你可以没有危险地将大脑意象应用到生活中的每一个领域，以便更好地克服社交焦虑，摆脱难以承受的工作负担，或者在每周扑克之夜取得胜利。类似地，研究人员将大脑意象应用到了其他许多领域中。例如，医生可以将其运用到中风康复之中。[40]

所以，对于大脑来说，“真实性”的范围更加宽广。我们对“真实”的常规认识比较狭隘，认为物理体验是真实的，想象是不真实的。在神经细胞层面，二者都是物理体验。考虑到这一点，内部想象（和幻觉）的效果其实是非常直观的。比如，考虑性刺激。《谋杀

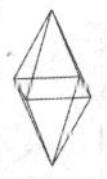

绿脚趾》(*The Big Lebowski*)的粉丝也许还记得，色情之王杰基·特里霍恩（Jackie Treehorn）曾说过：“人们忘记了大脑是最大的性感区。”他的意思是，和摆在眼前的裸体相比，对裸体的想象可以带来同样多的性兴奋。真实的性和想象的性（以及越来越多的虚拟现实的性）可以为大脑的相同区域，当然还有身体的其他区域，带来血流量。

那么，如何利用大脑意象进行创造性感知呢？答案仍然在于写进大脑里的有用性历史，以及这种感知记录是如何决定未来视觉的。我之前解释的关于感知的基本事实并没有改变：我们无法看到现实，只能看到我们过去看到的有用事物。不过，大脑幻觉性质的意义在于：决定观察方式的过去不仅是由你的现实感知组成的，也是由你的想象感知组成的。因此，你可以仅仅通过思考来影响你未来看到的事物。二者之间的联系在于，我们现在看到的事物代表了我们之前通过想象或其他方式看到的事物的历史（尽管不是所有方式都具有相同的权重）。

这就是为什么我们是我们自身感知的经历者和创造者！

考虑前面提到的本·安德伍德以及他惊人的回声定位能力。他进行了高强度的试错，以适应和学习如何通过舌头发声“看到”事物，这改变了他的大脑结构。大脑意象也存在类似的过程，只是此时的试错发生在我们内部而非外部。强化大脑的“肌肉”不仅意味着寻找丰富的物理环境，而且意味着寻找由头脑构建的环境。对你来说，想象感知对未来的塑造和实际感知非常类似，因为二者都会

在物理层面改变你的神经架构（尽管程度不同，因为从统计学角度来看，现实经历通常具有更强的影响），而这并不总是积极的。考虑反刍思维：一个人被“困在”重新体验某种经历的负面意义（而不是这种经历本身）的循环之中，从而强化这方面的思维，使它的意义不成比例地变大。

如果我们每次进行的这些低风险具象思想实验都像实际经历一样被写进大脑，那么我们需要重新考虑上一章的重要结论：通过改变生态系统，你可以改变你的大脑。

> 通过改变生态系统，你可以改变你的大脑。

想象感知对于视觉具有很大的影响，是我们环境的一部分。换句话说，背景意味着一切，但背景的一个非常重要的组成部分位于你的内部。你是你自己的背景。你的大脑不仅与其外部环境的复杂性相匹配，而且与其内部环境的复杂性相匹配。如果你想象具有挑战性的复杂可能性，你的大脑就会适应这些可能性。就像困在动物园里的老虎来回踱步一样，如果你把你的想象关在呆滞而神经过敏的笼子里（这种比喻描绘的与其说是经验“事实”，不如说是一个人的恐惧），那么你的大脑也会适应这些想象意义。就像在小笼子里走来走去的可怜的老虎一样，你的大脑也会反复考虑破坏性意义，使之具有超出正常水平的重要性。对你来说，这种当前感知意义与过去事件的意义（及其得到修改的意义）共同成为未来意义历史的一部分，从而塑造了未来的感知。如果你不想让感知背景限制可能性，你需要走进最黑暗的森林——位于你自身头骨里的森林——面对挑战性思想的恐惧。

你必须学会选择你的幻觉。否则，它们就会选择你（当然，不要忘了，不是所有幻觉都是可选的）。

> 你必须学会选择你的幻觉。否则，它们就会选择你（当然，不要忘了，不是所有幻觉都是可选的）。

从根本上说，你的大脑是一种统计分布。因此，你的经验历史形成了过去有用感知的数据库。新信息不断流入，你的大脑不断将其整合到统计分布中，这个统计分布创造了你接下来的感受（所以，在这种意义下，“现实”只是你的大脑不断演变的结果数据库的产物）。因此，你的感知存在某种统计现象，即概率论中的“峰态”。峰态实际上意味着事物的分布倾向于变得越来越陡峭……即歪向一个方向。这适用于我们观察一切事物时“歪曲地”偏向某种积极或消极解释的情况，包括观察时事以及我们自己。我们很难从峰度或歪曲性很高的事物中摆脱出来。换句话说，看到不同不仅在概念上很困难，在统计上也很困难。当我们说“乐观者认为杯子是半满的，悲观者认为杯子是半空的”时，我们其实是在谈论数学，尽管我觉得真正的乐观者也许首先会高兴地喝上一口！

好消息是，峰态可以给你带来好处（尽管这取决于你能否选择有用的幻觉，因为你同样可以选择具有破坏性的幻觉）。关键是利用你的能力影响你的内在概率分布。想象感知具有自我强化性。所以，通过控制它，你可以改变你的大脑解读出来的主观现实。如果你今

天具有积极的想法，那么你明天具有积极想法的概率就会高一些。[41] 这种看似“柔软”的常识实际上得到了科学的明确支持。心理学家理查德·怀斯曼博士开创了对可能性和运气的系统研究。他发现，在生活中一直很“幸运”的人具有相同的特点，他们相信事情最终会取得好结果；他们勇于体验；他们不会反复考虑令人失望的结果；他们对生活抱着轻松的态度；他们将错误看作学习的机会。[42] 同样具有自我强化性的感知和行为势头也适用于负面情形，这也许并不令人吃惊。

值得一提的是，虽然意象和想象在当前以及对于过去的重新定义上具有强大的可能性，但它们也存在局限。例如，虽然看到蓝色本身是一种意义，但你不能将蓝色想象成另一种颜色。这是你无法重新创造的感知，因为它在进化过程中刻印到了你的大脑里。所以，我们的意识显然存在边界，只不过这些边界常常是人工设置的，通常是由其他人设置的。更加令人不安的是，它们有时是由我们自己设置的。我们都有过向某人提出问题并被告知“不”的经历（尤其是小时候）。问题是……为什么？这个问题看似非常合理。不过，面对反问，对方会给出“因为它就是这样的”或者其他某种欠考虑的老生常谈的回答。这些回答与世界的物理规律没有任何关系，只与这个人大脑中固定下来的观念有关。我将其称为“否定物理学”，因为这种回答被看作一种自然定律。我们稍后会介绍如何学会推翻“否定物理学”。这并不容易。我们需要勇敢地想象、思考和挑战其他人以及我们自己。

有趣的是，我们在不同的年龄倾向于不同的感知方向……不同

的幻觉。最近的研究表明，青少年倾向于在观察世界时用自己看到的事物证明自己的情绪状态。如果他们感到悲伤或痛苦（根据我们许多人的个人经历，这种情感在这个年纪很常见），他们就会寻找悲伤的画面，用悲伤/痛苦的视角解释他们的环境。用科学的学术语言来说，青少年对“情绪管理”的掌握存在较大的困难。[43] 这是神经学对于这种现象的解释。我们常常会用开玩笑的口气将其称为“青少年焦虑”。如果没有它，我们就不会有破洞牛仔裤、“情绪摇滚”以及涅槃乐队。从许多角度看，这种焦虑是文化和个人的必经之路，但具有较高负面幻觉统计分布的年轻人应该知道如何获得“管理能力”，因为自杀是美国10～20岁男性和女性的第三大死亡原因。

好消息是，随着年龄的增长，我们倾向于观察那些代表我们所需情绪的事物，这是我们的大脑用来塑造未来感知的一种进取概率。所以，在糟糕的工作日，我们可能会在网上搜索“梦幻假期”（而不是“最近的跳河大桥”）。不过，虽然我们的行为倾向于随着年龄的增长变得“更加明智”，但这并不意味着我们应该在选择幻觉时减少主动性。环境条件（亲人的去世、离婚、失业、中年危机）会使我们易于陷入当前的无用想法之中，这当然会导致未来更加无用的感知。而且，我们每个人的大脑拥有自身独特的统计“组成”。一些人更容易成为健康的管理者；另一些人会成为不善于管理想法的人。不过，正像前言中介绍的晚宴实验故事那样，我们很容易在别人的影响下（甚至自己的影响下）进入影响行为的高能（或低能）状态。

与这个感知特点存在重要联系的一个概念是“证实性偏差”，也叫“自我中心偏差”，后一个名字也许可以让你了解它的含义。这

是一个不言自明且不太具有恭维色彩的概念，说的是人类倾向于倾听自己而不是其他人，有时也指我们对于自然本身的集体失聪。证实性偏差描述了通过感知证实你已经确定的观点的倾向。它具有各种表现，从你辩论的方式（以及你在辩论中的收获），到你在人际关系和工作上的表现。它甚至构造了你的记忆，根据你对自己的看法（常常是不正确的看法）塑造你的记忆。这个概念不仅适用于个体，也适用于社会群体。政治党派、侵略主义、体育迷和宗教都存在认知偏差。这种偏差也塑造了整个群体的历史，比如性别群体。历史上，在西方社会，男性宣传的关于女性能力的虚假信息以及女性自身对于这些信息的内化在教育、职业和民事方面以多种形式阻碍了女性的优秀表现。[44]

证实性偏差将我们带回到了这本书的基本假设上：我们无法接触现实……我们感受到的（在这里其实是发现的）是我们熟悉的现实版本……它通常会使我们具有良好的形象。例如，如果你向一个从总体人群中随机抽样的群体（尤其是男性）询问“这里有多少人是优于平均水平的司机”，通常大多数人会举起手来。对不起，这是不可能的。不是所有人都能高于平均水平。根据定义，对于均匀采样，一定会有一半人低于中位数。这是中位数的本质特征。类似地，研究表明，同事实相比，我们认为自己更愿意做出无私而高尚的行为（同时低估同辈人的慷慨）。[45]我们是自己心目中最优秀的英雄！

不过，我们对于自身偏差的盲目性使我们很难注意到它们。在发表于2012年、目前非常有名的一篇研究报告中，哈乔·亚当（Hajo Adam）和亚当·加林斯基（Adam Galinsky）发现，穿着医生

的白大褂参加一系列大脑注意力测试练习的人比穿着便服的参与者取得了更好的成绩。他们的表现同样优于那些穿着同样的白大褂，但被告知这是油漆工服装的参与者。[46]这个研究领域叫作“着装认知”，它表明，不仅其他人会根据我们的着装向我们投射预期，我们自己也会投射类似的预期，直接影响我们的感知和行为，这是幻觉的另一个例子。亚当和加林斯基的实验是对启动效应的有力证明。启动效应是指一种刺激（穿着白大褂）在面对随后的刺激（注意力测试）时会影响行为和感知。[47]所以，我们不仅在向其他人树立自己的形象，根据我们每天的着装影响他们对待我们的方式，我们还在有力地向自己树立自我形象。

启动效应或阈下刺激不仅对科学家非常重要，而且对营销研究人员非常重要，这一事实也许不会使你感到意外。“我们不是自身购买冲动（以及其他无数行为）的掌控者”的想法也许会使你感到害怕，但是研究表明，在播放法国音乐时，人们更愿意购买法国葡萄酒。[48]在人工设置以外，在广阔的日常生活中，同样的道理依然存在。同家庭富裕的孩子相比，穷孩子觉得硬币更大。人们在身体疲惫时觉得山坡更加陡峭。当一个人负重时，同样的距离会显得更长。我们通常觉得我们想要的物体和我们之间的距离比实际距离更近。所以，在一些基本的感知层面上，大脑之中显然发生着一些强有力的事情——这就是为什么另类实验室2012年在伦敦科学博物馆面向公众的类似于俱乐部的开放之夜（我们称之为“晚会”）设计了一个探索该问题的实验。

该实验是由实验室里的另类人士理查德·C. 克拉克（Richard C.

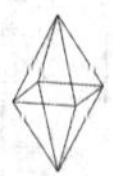

Clarke）实施的。实际上，你已经在一定程度上熟悉了这个实验。还记得吗？在第1章的明暗对比“错觉”中，你对相同灰度的感知是不同的，这取决于其周围的颜色背景。我们使用了相同的“测试”，但我们的目标不是为了证明参与者无法看到现实。相反，我们希望研究力量感是如何影响感知的。我们已经知道，幻觉会强烈影响大脑执行的复杂任务，比如衡量一个人的自尊或者决定购买什么。不过，与目标无关的更加基本的低层次感知呢？幻觉能否在心理上同时影响看上去更加高级的青蛙王子的认知过程以及更加基本的青蛙的感知过程？如果答案是肯定的，这将意味着幻觉在感知的每个运行层级都起着至关重要的作用。

感知明暗度是大脑最基本的视觉任务之一。因此，我们相信它是验证“一个人的控制状态或能力状态的确可以决定低层次感知”这一假设的合适工具。我们的第一项任务是寻找受试者参与实验，这意味着我们要拉着他们远离各种科学展品、现场音乐以及鸡尾酒“大脑酒吧”。当一切招募工作结束时，我们有了54位志愿者。我们将他们随机分配到三个不同小组里：低能小组、高能小组以及对照组。为什么？为了对他们进行“启动”。

我们使用了一种常见的启动技巧，涉及写作和记忆。我们告诉参与者，他们将要参加一项实验，用于研究他们对于过去事件的感知。接着，我们请他们写一篇短小的记叙文。高能小组需要写作一件他们面临压力但觉得自己可以控制局面的事情。低能小组需要写作一件他们面临压力但觉得自己控制能力很小的事情。中立对照组的参与者写的是他们当天在科学博物馆的经历。这三种完全不同的

启动效应也许可以设置三种完全不同的幻觉。

现在，三个小组拥有三种不同的“自我偏差”，其中对照组没有偏差。此时，我们开始了明暗对比测试（参与者认为这与所谓的“记忆实验”是无关的；我们告诉他们，他们是“记忆实验”的参与者）。我们向每位受试者出示不同背景下八个不同灰度“目标”。它们的顺序是随机的，周围的背景在颜色、相对位置和形状上存在区别，而由分光计测量的明暗度是相同的。我们让受试者为每个目标的明暗度评分，以便对于他们受启动效应影响的对于“虚幻”灰度的大脑主观感知进行量化。接着，我们让参与者回到我们的另类“博物馆之夜”实验室，同时静静地推测我们可能了解到的情况。果然，在分析数据以后，我们发现了一个很有启示的现象。

之前的研究表明，处于低能状态的个体处理复杂感知任务的能力出现了下降。而现在，我们发现，对于像感知明暗度这样的基本过程，结果是相反的。平均而言，被启动为低能情绪状态的受试者对背景视觉线索的使用程度高于高能组和对照组。由于我们设置了使受试者感到自己控制能力较弱的幻觉，低能小组成员大脑理解无意义刺激的能力得到了提高。他们重新获得能力感（即控制力），从而构造出有用感知的进化需要比其他小组更加强烈，这使他们具有了与其他人不同的观察角度。这意味着他们的表现和儿童很像，因为儿童可以更加强烈地看到错觉。从某种意义上说，儿童更愿意“相信”。因此，他们的心理状态系统性地、统计性地、显著地改变了他们的感知和现实。简而言之，处于低能状态的人们会表现出试图提高个人能力的行为。

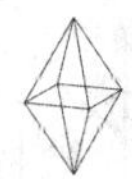

能力感甚至会改变你的眼球运动，从而改变你观察某个场景的方式。实际上，处于不同状态的人会以不同的方式观察事物。例如，能力感较低的人会观察背景，能力感较高的人会观察前景。由于我们看到的事物决定了我们感受到的画面的统计信息，因此能力感会改变我们的窗口方向以及我们在世界上移动活动房屋的方式。意识到我们是多么容易被欺骗，以及感知的幻觉性质会如何使我们变得“幸运”或“不幸”，你可能会感到有点害怕，但是这些行为是有道理的。如果一个人事实上处于低能状态，那么他的行为应当以重获控制权为目标。因此，研究表明，就连“背景情绪状态”也会强烈影响我们的决策。[49] 原因在于，虽然我们的大脑在许多方面具有惊人的能力，但它也会使我们处于弱势地位，这种弱势本身是有用的。下面几章谈论的是如何积极地利用你的大脑帮助你而不是阻碍你，为你提供新思想和无法预料的创造性洞见。我们之所以能够做到这一点，是因为我们拥有意识，并且能够修改自己的大脑。

要想破除适用于过去经历的意义向你提供的属于你自己的“否定物理学”，你必须接受一个关于你自己的基本事实：你拥有假设观念！它们是极为深刻的观念。没有它们，你就无法移动，甚至无法前进一步。没有它们，你就会死去。这些观念是你试错经历的经验性历史的结果，包括内部和外部经历。它们必然会限制你的思想、行动和感觉。不过，这种限制可能会毁掉你的人际关系和职业生涯。对于自我破坏的偏离（或者只是对熟悉的行为的偏离）始于（但不终于）一个简单而友好的第一步——意识。意识到你拥有观念，你是由它们定义的。我不是说“是的，我知道我们都拥有观念……但是……”我是说真正认识到这一点，这意味着积极实践这种认识。我们会看到，这种意识是一个革命性工具。这是你改变你的大脑、感知以及你作为人类的整体生存方式的出发点。

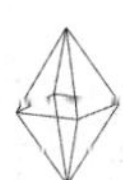

第6章 观念生理学

你能想到没有颜色的苹果吗？

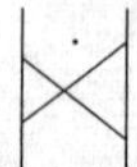

幻觉是创造全新强大感知的一个重要工具，因为它允许我们从内部改变我们的大脑，从而改变未来的感知。不过，如果人类的大脑是从进化到学习的试错历史的物理表现，而且所有感知都是反射性响应，那么怎么会有人改变自己的感知呢（即使这些人拥有最强烈的幻觉）？毕竟，我们都很清楚，过去是完全无法改变的。已经发生过的事情不会消失。不过，在大脑运转方面，事情并没有这么简单，因为我们也知道，我们永远不会记录现实，更不要说时间本身的现实了。

实际上，当我们进入未来时，我们的大脑携带的并不是过去……至少不是客观的过去。你的现实感知历史向你的大脑提供的是体现在大脑功能构架中的反射性观念，你通过这种观念来感知当下。这些观念决定了我们会想什么和做什么，并且帮助我们预测下一步行动。这件事的反面同样值得注意：这些观念还决定了我们不会想什么和做什么。如果不考虑背景，我们的观念是谈不上好坏的。它们从集体和个体层面上定义了我们。

我们的大脑进化出了观念，这是非常幸运的。不过，许多观念似乎常常是无形的。就像我们呼吸的空气一样。当你坐下时，你认为椅子（通常）不会被压垮。每次迈步时，你认为地面不会崩塌，你的腿不会失去控制，你的腿在你面前迈得足够远，你对体重分布的改变足以推动自己前进（毕竟，走路实际上是不断摔倒的过程），这都是基本的观念。

想象你必须对于走路、呼吸或者其他所有非常有用但却可以通过大脑轻松完成的无须思考的行为进行思考。你可能永远无法移动。

这一方面是因为你的注意力只能放在一项任务上（我们在感知神经科学中称之为“本地”信息），另一方面是因为优先顺序问题：如果你需要思考支撑你存在的每一项工作，那么你可能需要将大部分时间用于思考如何维持心跳和呼吸，从而无法入睡。你不需要有意识地维持心跳，因为你的大脑充当着指挥中心，管理着你的身体固有的生理观念。在不断变化的世界上，将重要的思考能量花在这样的任务上对于生存是不利的。因此，我们没有进化出这种感知方式。

那么，是什么指导着我们的感知……我们从过去之中提取出了什么？一个答案是：我们的物种在迄今为止的千万年时间里发展出的一组基本的机械观念。这不仅适用于呼吸，也适用于视力。和其他动物一样，我们生来具有许多观念，比如物理定律，它们已经植入到了我们的身体里。这就是为什么我们的眼睛不能一下子调整出虾蛄的视力；我们仅仅发展出了对于我们这个物种最有利的光线处理方式。不过，不是所有的大脑预置观念都是基本观念（这里的基本指的是基本功能，它们显然非常复杂）。这是因为，我们不仅与青蛙相似，我们还很像火鸡。

火鸡生来具有一种反射本能。当它们的视网膜接收到与猛禽相同的图像时，它们就会保护自己，即使它们之前没有这种视觉经历。在 20 世纪 50 年代一项测量幼火鸡恐惧反应的有趣实验中，一只猛禽的剪影会使它们害怕，一只鸭子的剪影则不会。它们认识猛禽。[50] 类似地，最近的研究表明，人类天生具有对蛇的恐惧，这是来自过去、帮助我们在过去和现在生存的一个适应性观念。我们从我们从未见过的祖先那里继承了这个观念。类似地，在弗吉尼亚大学的一项研究中，研究人员测试了学前儿童和成人对于不同视觉刺激的反应速度。儿童和成人都表现出了偏向于蛇类的“注意力偏差”，他们发现蛇的速度快于青蛙、花朵和毛毛虫等没有威胁的刺激。[51] 因此，人类显然不是一张白纸。

“白纸”的概念是一场关于“人类如何成为自己并最终过上自己的生活”的古老辩论的一部分。从哲学家到科学家和政客，每个人都在对这个话题进行辩论，因为它对于如何以最佳途径创造社会平等的基本伦理问题具有重要影响。我们是教养的产物，还是自然的产物？我们是否生来具有自己的性格和身体素质？或者，我们是由我们的经历和环境塑造的吗？人们认为，如果我们知道这个问题的答案，我们就可以更好地解决社会疾病。不过，神经发展领域尤其是表观遗传学表明，这是一个错误的问题：二者不是非此即彼的关系。我们也不是教养和自然的共同产物。相反，我们是二者不断相互作用的产物。基因不会决定具体的性格；相反，它们决定了细胞与其细胞和非细胞环境之间相互作用的机制、过程和元素。遗传和发展本质上是生态过程。

当你研究大脑内部的发育时，你会清晰认识到这个已经被神经遗传学领域广为接受的观点。生长方式和生长目标的粗略蓝图是大脑中固有的。不过，具体的生长类型具有惊人的可塑性。如果你将一块视觉皮层移植到听觉皮层之中，被移植的细胞就会表现得像听觉皮层细胞一样，包括与其他听觉区域建立联系。同样的道理也适用于视觉皮层。例如，同留在（主）视觉皮层的情况相比，被移植的视觉皮层将与丘脑中的不同中心建立联系，并与不同的皮层区建立联系。就连它的内部处理结构也会发生变化。例如，视觉皮层中层细胞会被来自右眼或左眼的连接（叫作眼优势小柱）所主导，但是如果一块原始视觉皮层被移植到听觉皮层，这种连接模式就不会出现。细胞性质、细胞的总体及其连接的组合决定了具体细胞的功能及其在细胞“社区”（与社交网络非常类似）中的总体职责。这个生理学现实也是一个生物学原则：系统是由它们的内在性质与它们在空间和时间上的外部关系之间的相互作用定义的……包括皮层中的细胞以及整个社会或组织中的个人。这意味着我们每个人的“意义”必然是由我们内部和外部的相互作用定义的。因此，和我们一样，在某个细胞时间范围内，发展中的视神经元在很大程度上是多能的（即能够适用于不同用途），这很像人的性格。和我们一样，神经元是由其生态系统定义的。不过，这种背景弹性并不意味着我们是白纸一张。我们每个人的纸上都写着同一个基本观念：为了感知和生存，我们必须拥有假设观念。

此外，我们身体里还刻印着这样一个观念：我们将寻找越来越多的假设观念。

你的大脑利用经验获得尽可能多的观念，以便找到适用于各种背景的原则（这很像物理学中的定理）。以高度为例：我们在出生时似乎没有对于高度的恐惧以及对于高度危险性的认识，这很奇怪。最近的研究使用了“篮中小猫”实验中的那种“视觉悬崖”，发现虽然婴儿会回避高度，但他们并没有表现出自主的恐惧反应。[52] 不过，随着时间的推移，我们在发展过程中学会了敬畏高度，因为我们从生活经历中获得了新增的内置观念层次。例如，当我们靠近悬崖时，

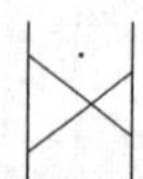

我们的父母会对我们大喊大叫。当我们从上铺摔下来时，我们会受伤。不管谨慎的来源是什么，我们都获得了一种非常有用的观念，它可以让我们更加安全。我们觉得这是一种常识，因为它的确是常识，但它并非从一开始就存在于我们的大脑之中。其他影响我们行为的低层次假设（它们实际上有几千个）与社会生存而非物理生存有关，但它们也具有很强的物理性。

你的眼球运动机制应当与这个星球上的其他每个人相同，不是吗？毕竟，每个人的大脑中都有相同的视觉处理硬件，因此所有人都应当使用相同的软件。这是一个直观的结论，但它是错误的。因为我们来自不同的地方，所以我们使用不同的“程序”实现我们的视觉。在 2010 年一个令人可喜的、具有启示性的实验中，戴维 · J. 凯利（David J. Kelly）和罗伯托 · 卡尔达拉（Roberto Caldara）发现，来自西方社会的人和来自东方社会的人表现出了不同的眼球运动。根据他们的说法，“文化影响着人们通过移动眼球从视觉世界中提取信息的方式”。亚洲人以更加“整体”的方式提取视觉信息，西方人的做法则更具“分析性”（他们识别人脸的能力没有区别）。西方文化关注离散元素或“显著目标”，他们可以自信地通过这种方式处理信息，这与具有鲜明个人主义特点的文化相匹配。另一方面，东方文化更加重视群体和集体目标，因此他们会被一张脸的整个“区域”而不是某个具体特征吸引。在实践中，这意味着亚洲人整体上更加关注鼻子区域，而西方人则被眼睛和嘴吸引。不同的眼球运动对感知具有极大的影响，因为我们“观看”的东西限制了大脑所理解的信息的性质。以不同方式改变输入的性质会限制它的潜在意义。像

这种从社会中习得的观念和偏见会影响我们的灰质，从而影响我们的感知和行为，但它们是我们在无意识中通过整体文化观念形成的，因此我们甚至不知道它们存在于我们的大脑之中。

其他塑造我们的感知甚至人生轨迹的重要观念也是通过社会习得的，但是同微妙的眼球运动相比，我们更容易从我们的行为中发现它们。最明显的例子就是每个人产生的背景，我们每个人都以某种方式存在于这个背景之中。这就是家庭。

以查尔斯为例。1809 年，他出生在英格兰什罗普郡。他家有六个孩子，他排行第五。他是一个可爱的英国小伙子，来自一个富裕家庭，两颊红润，一头棕色的直发。他喜欢在野外与树木和大自然为伴。他收集甲虫，而且很早就熟悉了自然史。同他的一些哥哥姐姐不同，他喜欢质疑传统观点，比如他在学校好好学习是否真的很重要，这使他的父亲很恼怒。查尔斯喜欢为了提出问题而提出问题，尽管这些问题听上去很疯狂或者的确很疯狂。1831 年，他乘坐“贝格尔号”轮船前往南美，走上了一条令他的父亲感到不安的非常规道路。他希望对地质学、昆虫、海洋生物和其他动物进行有价值的观察。他的观察的确很有价值。他研究了加拉帕戈斯群岛的 12 种雀鸟，置疑了他所持有的我们这个物种所谓的神圣设计和起源，从而永远地改变了科学。这个查尔斯当然就是给我们带来进化论的查尔斯·达尔文（Charles Darwin）。

达尔文的聪颖（和疯狂的好奇心）是无可争辩的。不过，如果不是家庭幼子或“后生”的身份赋予他的观念，他也许不会发现进化过程。这是进化心理学家麦克阿瑟天才奖得主弗兰克·萨洛韦

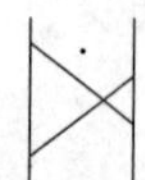

（Frank Sulloway）的观点之一。他目前仍然在进行很有影响力的新研究。他的研究表明，你在家中的出生次序对你的性格、行为和感知具有强烈影响。这是因为，我们都在通过竞争赢得父母的时间和关注。根据你在兄弟姐妹中的位置，你会形成不同的取胜策略和倾向。萨洛韦做过令人难忘的描述："其结果就是在家庭内部展开的进化军备竞赛。"[53]这并不意味着兄弟姐妹在争夺父母之爱的达尔文式残酷斗争中有意识地相互战斗；相反，家庭结构会不可避免地影响我们的走向，因为我们会更加擅长那些更符合我们出生次序的行为。例如，老大倾向于通过在一定程度上照顾弟弟妹妹赢得父母的支持，因此他们通常会形成高度的责任感和对权威的尊重。相比之下，后出生的孩子会强化"潜在天赋"，以便获得父母的关注。因此，他们更加开放和大胆，不太尊重权威。每个孩子为了在家庭生态系统内部"取胜"而必须做出的表现会成为一种感知观念，通过拥有峰态统计权重的试错历史刻印在大脑中。

那么，查尔斯·达尔文之所以看到不同，仅仅是因为他是达尔文家的第五个孩子吗？（有趣的是，在大约同一时间形成类似进化思想但发表成果少于达尔文的科学家阿尔弗雷德·拉塞尔·华莱士（Alfred Russel Wallace）也是幼子。）或者，如果你是幼子或独子，你应该停止努力，忘掉创新这件事吗？两个问题的答案都是否定的。关键是，你的大脑在不同的时间线上通过多种经历来源形成的观念不仅塑造了你的感知……它们还定义了你。它们是被你归为刺激的多层"经验意义"，定义了你所感知的现实……定义了你是如何感知自己和他人的，从而定义了你是如何度过人生的。不过，从物理上

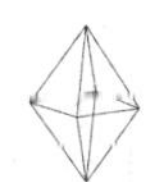

说，大脑中的观念是什么呢？

我们现在知道，一切感知最终归结为决定是否靠近或远离某事，这甚至适用于不同物种。这种“靠近或远离”是我们能够感知自身行为的一个重要原因，而观念不可避免地影响着我们所选择的方向。那么，这个过程是如何创造出观念的呢？

观念具有深刻的生理性……实际上，它具有深刻的电学性。它们不只是抽象的思想或概念。它们是大脑中的物理实体，拥有自己的物理“定律”。你可以将其称为“偏差神经科学”。我们看到的投射到感知“屏幕”上的现实始于我们五种感官摄取的信息流。这个刺激（或者这些刺激）在你的感受器上形成一系列神经冲动，进入你的大脑（输入），分布在皮层的不同部位以及大脑的其他区域，直到最终成功激活某种响应（运动和 / 或感知响应……尽管运动和感知响应之间的区别不像我们曾经认为的那么明显）。这句话基本上概括了整个神经科学。请注意这里的“基本”一词。感知无非是一种复杂的反射弧而已，它和医生通过击打膝盖下面的膑腱时使你的腿踢起来的反射弧没有什么不同。实际上，我们的生命无非就是无数个下意识的反射性反应而已。

你在任何时刻体验到的只是分布在大脑中的稳定的电活动模式，这是缺乏浪漫色彩的感知视角，但它大体上是准确的。在你的人生中，你的大脑在响应刺激时生成的电模式变得越来越“稳定”，这在物理学上叫作“吸引子状态”。[54] 沙漠中的沙丘是吸引子状态的一个例子，河流中的漩涡是另一个例子。就连我们的银河系也处于吸引子状态。它们都代表了许多个体元素在一段时间里相互作用形成的

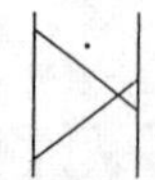

稳定模式。从这种意义上说，它们拥有自己的稳定能量状态或“动量”（因为它们很难改变），这种状态的持续是最为自然的（尽管儿童的大脑状态不像成人那样稳定）。进化所做的就是选择一些更加有用的吸引子状态。准确地说，是选择一系列吸引子状态。

创造这些电模式的是连接大脑不同部位的神经通道……一个极其复杂、四通八达的高速公路，它是大脑的基础架构。这些模式会提高一些行为和思想的可能性，降低另一些行为和思想的可能性。研究表明，你在这个高速公路上拥有的连接数越多，你就越有可能拥有多样而复杂的观念（比如更大的词汇量和记忆能力）。[55]不过，虽然大脑内部拥有大量连接，虽然你的这些感知连接非常重要，但你的感知在其生命期中实际拥有和使用的神经电冲动的数量却很少。这里的少是相对而言的，因为它们拥有近乎无穷的潜力。

你的大脑细胞构成了笛卡儿哲学意义上的你。这里的“笛卡儿”指的是法国哲学家勒内·笛卡儿（René Descartes），他提出了关于人类意识的机械观点，这种观点引出了他的名言“我思故我在”。你的思想乃至你的存在取决于组成大脑铁路系统的细胞。在这些细胞的支持下，电模式（像火车一样）遵循着它们的反射弧前进。这些细胞的计数本身就是一个有趣的故事。多年来，神经科学家反复引述他人的说法，称大脑中有1000亿个神经元。（神经元是神经系统中通过突触接收和发送信号的神经细胞。）这是一个美好、整齐、庞大的数字。不幸的是，这个数字是错误的。

似乎没有人知道1000亿这个数字最初是如何出现的。每个引用它的科学家似乎都认为它是正确的，原因很可怕，但也比较容易理解：因为他们从他人那里听到了这个数字。极具讽刺意义的是，它很可能反映了我们对于完整性的内在偏向。所以，在这里我们选择了整数1000亿。这一情况在2009年得到了改变，当时巴西研究员苏珊娜·埃尔库拉诺–乌泽尔博士（Dr. Suzana Herculano-Houzel）实施了一项极为巧妙的创新，证明了这个数字是一个错误假设……是一个无意中将自己伪装成事实和科学文化基因的公认的思想。[56]（我们很快就会谈到文化基因。）埃尔库拉诺–乌泽尔博士使用了一种巧妙的研究方法，溶解了四个捐赠给科学事业的大脑，发现我们每个人平均拥有的大脑细胞数量比之前认为的少140亿个，而140亿正好是一只狒狒的大脑细胞数量。虽然这是一种大幅缩减，但860亿仍然是一个庞大的数字。所以，“思考乃至存在层面上的你”指的就是所有这些神经元以及它们之间的相互交流（当然，还有它们与你的其他身体部位和环境之间的交流，除非你认为你仅仅是由你的大脑组成的）。

现在，让我们回到你在感知时你的大脑参与的相对较小的电化学模式数量上来。组成大脑的细胞形成了100万亿个连接。这是一个巨大的数字，但它究竟意味着什么？由于潜在连接构成了塑造行为的可能的反射弧，因此关键问题是你如何做出反应……你感受到了什么，你所生成的感知是好是坏，是创新还是自满，是冒险还是保守。所以，我们谈论的是可能的反应与实际反应的对比，而可能的反应几乎是无穷无尽的。例如，假设人类的脑细胞不是860亿个，而是50个。（蚂蚁拥有大约25万个脑细胞，因此拥有50个脑细胞会使你成为一个极为低级的生物。）每个脑细胞拥有50个连接。如

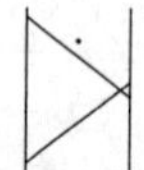

果你计算这50个脑细胞可能具有的所有的相互连接方式，你所得到的不同连接组（一组连接）的数量将会超过人类已知宇宙中原子的数量。这只是50个神经元！现在，考虑860亿个脑细胞组成100万亿种不同连接时可能形成的所有模式。这个数字几乎是无穷的。不过，我们的实际感知并不是无穷的，实际上，我们的感知远远没有达到无穷。它们只是客观可能性的一个极小的子集。为什么？原因在于我们从经验中获得的观念。

这些由经验驱动的倾向定义并限制了我们形成思想和行为的突触通道。因此，刺激（输入）及其导致的神经模式（输出）即感知之间的关系受到了大脑网络架构的限制。这些电化学结构直接体现了通过试错塑造大脑的经验过程。它是从几秒之前到几千年之前、从丰富环境到贫瘠环境的无数经历塑造的反应可能性的网格。因此，我们的反射弧不仅受到了我们身体本身的限制，而且受到了我们生态系统的限制。具有无数层次的历史传到了你身上，这意味着塑造你那“青蛙”大脑（以及火鸡大脑）的大多数经历是在你出现之前发生的。不过，这种进化历史决定了你的许多感知和行为的“现实”。将这种种族层面的经历与你自己的实践经验历史结合在一起，你就得到了属于自己的独特的观念织锦（更准确地说，是嵌入式层次结构），它们不仅可以帮助你生存，也可以限制你用于产生反应的电流，即思想。

简而言之，你的观念使你成为你。这意味着如果你的观念受到怀疑，那么你所感受到的几乎一切有意识的个人身份都会受到威胁。不过，创造这些基于大脑的倾向、使你成为你自己的这种过程也为

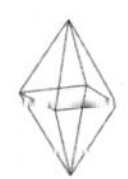

我们带来了这个世界非常需要的独特之人（我会将他们称为“偏离常规者”）。

2013年年底，一个几内亚男婴感染了埃博拉病毒。这种病毒会引发极其痛苦的传染性出血热，其死亡率约为50%。在这个“指示病例”（首个感染者）出现以后，埃博拉以惊人的速度传遍了西非。到了2014年年初，它已经达到了流行病的比例，这是20世纪70年代该病毒被发现以来的第一次。它传播到了9个国家，其中最严重的是利比里亚，那里有近5000人死亡。2014年夏天，在利比里亚，40岁的利比里亚裔美国公民帕特里克·索耶（Patrick Sawyer）看望了他的姐妹，后者感染了埃博拉病毒，并在帕特里克照看期间死亡。在参加完她的葬礼后，索耶在7月20日飞到了尼日利亚。当时，埃博拉还没有从尼日利亚的邻国传播进来。当索耶抵达尼日利亚人口最多的拉各斯市时，他在机场病倒了，出现了呕吐和腹泻症状。当时，公共卫生系统的医生刚好正在罢工，因此他进入了尼日利亚医生阿梅约·阿达德沃（Ameyo Adadevoh）所在的私立医院。

女医生阿达德沃的体内似乎流淌着医学的血液。她的父亲是备受尊重的病理学家和大学官员。在职业方面，她继承了父亲的严格。她有着一头黑色的卷发和两只大大的黑眼睛，这双眼睛将严肃的目光投向了拉各斯第一顾问医院的大厅。阿达德沃医生是这所医院的高级内分泌学家。当索耶来到她的医院时，她成了索耶的主治医生。索耶声称自己只是得了疟疾，但阿达德沃并不相信。他试图离开医院，但阿达德沃拒绝了索耶的请求，因为她觉得索耶应当接受埃博拉检查，尽管她之前从未处理过感染埃博拉的患者。索耶变得非常

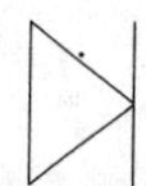

沮丧。最终，阿达德沃及其同事不得不对他进行人身控制。在这种争执导致的混乱中，索耶的静脉点滴从手臂上掉了下来，将血液洒在了阿达德沃身上。他们最终制服了他，但他们的斗争并没有就此结束。

当阿达德沃及其医生同事等待索耶的检查结果时，利比里亚政府对尼日利亚施加了外交压力，要求将索耶送回国内。阿达德沃医生再次拒绝了。由于尼日利亚没有安全的运输方法，无法保证索耶不会将病毒传染给其他人，因此阿达德沃及其同事为维持他的隔离进行了斗争，并且取得了胜利。在消除“零号患者”的传播能力以后，他们开始集中精力动员尼日利亚人限制索耶的影响。索耶在尼日利亚将病毒传给了 20 个人。

2014 年 10 月 20 日，在索耶抵达尼日利亚并成为阿达德沃收治患者的三个月以后，世界卫生组织正式宣布尼日利亚摆脱了埃博拉的影响。在这个备受埃博拉困扰的地区，这是一个鼓舞人心的伟大功绩。《每日电讯报》首席驻外记者当时写道：“考虑到西非其他地区的死亡人数还在迅速增长，这似乎不是一个重要新闻。不过，考虑到情况可能变得多么糟糕，这是一件非常值得庆幸的事情。如果情况稍有变化，我现在完全有可能写下这样的文字：埃博拉在尼日利亚夺走了 1 万条生命，预计还将夺走数十万人的生命。”[57]正像全球媒体迅速报道的那样，这场胜利在很大程度上要感谢阿达德沃医生。遗憾的是，她没能看到自己所做工作的影响。索耶和他所传染的 7 个人死于埃博拉，其中包括阿达德沃本人，她死于 2014 年 8 月 19 日。在她死后，她被奉为英雄，这是理所当然的，她和她的同事

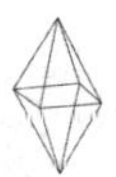

保护了尼日利亚。如果索耶没有维持隔离状态，尼日利亚一定会出现极为致命的疫情。他们在面对其他人的观念时做出了勇敢的反应，成了世界其他国家的榜样，也成了正确观念发挥作用的一个例证。阿达德沃的故事生动地说明了观念是如何生成有用的思想和行动的，也说明了这些观念是怎样存在于一个人身上，形成其他人无法看到的思想的。

让我们考虑阿达德沃博士的观念是如何塑造她的思想和感知的（将她产生观念的过程暂且放在一边），以便更好地理解你的神经模式是如何塑造你的思想和感知的。为此，我现在要介绍一个重要的新概念，它是你从大脑的 860 亿个带电细胞中获得更多、更好思想的核心。

你的可能性空间

可能性空间是根据你的网络结构（或连接）可能存在的神经活动模式。整体而言，你的神经网络决定了你的头脑中可能存在的所有不同模式。换句话说，它包含了你能够拥有的“感知 / 思想 / 行为”矩阵。这意味着它的容量很大（还是那句话，它的潜力远非无穷）。这些感知 / 思想 / 行为囊括了全部范围，既有最具启发性、最能震撼世界的元素，也有最平凡普通的元素……其中大多数元素是你永远不会实际经历的，但它们在面对某种刺激序列（网络连接）时存在理论上的可能性。此外，这片空间之外是不会也不能在你的大脑中出现、不会发生在你身上的感知和思想，至少当下如此——它们比可

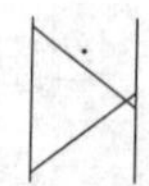

能出现的感知和思想多得多。你的观念（即大脑细胞之间的过往连接）决定了可能性空间的边界和落入边界内部的一切，从而决定了可能性空间的结构和维度。另外，这些模式中的每一种模式与其他模式存在关联，其中一些模式相互之间更为相似，其他一些模式的差异较大。

虽然无数神经模式存在理论上的可能性，但不是所有模式都是有用的。让我们在可能性空间的框架下考虑阿达德沃的行动。她和尼日利亚政府官员拥有一种共同的观念：埃博拉的传播需要尽快、尽量彻底地得到控制。她与其他人的区别在于如何实现这一点，这引出了她的第二个观念：索耶需要被隔离在拉各斯医院。这与官员

的观念相反，后者认为最好的反应是让索耶尽快离开这个国家，回到利比里亚。由于阿达德沃拥有不同的观念，因此她拥有不同的可能性空间，这意味着她拥有不同的潜在大脑激活状态……其表现包括思想、想法、信念、行动等。这些刻印在阿达德沃大脑生理结构中的不同观念代表了属于她自己的独特历史，使她的神经元能够生成没有这种结构（观念）的人无法生成的“下一个可能的”观念（吸引子状态）。还是那句话，我们在这里关注的不是这个历史是什么，而是一个简单的事实：由于这一点，她能够获得的感知是其他人感受不到的。对她来说，她并没有做出“巨大的跳跃”。她所做出的“巨大的跳跃”来自他人的视角，因为他们拥有不同的可能性空间，无法看到她所看到的事物。首先，阿达德沃是一个有经验的专业人员，知道并遵循医学最佳实践，包括存在冲突和危险的时刻。所以，她拥有良好的信念。更重要的是，她拥有追求信念的勇气。面对政府的压力，她不顾个人职业生涯可能受到的影响，将国人的集体利益放在了第一位。因此，为了人民利益而牺牲自己的价值观是指导她感知和行动的一个重要观念。这一观念和她接受的医学技术培训共同塑造了她的可能性空间。换句话说，她拥有来之不易的知识以及勇敢的意图。

对于本章来说，这里的重点不是阿达德沃为什么拥有这些使她领导尼日利亚摆脱危机的观念，而是她拥有与其他人不同的观念。你和我也是这样，我们最平凡和最英勇的行动都来自自己的观念；它们平等地包含在我们自己的神经可能性空间之中。阿达德沃的故事说明了行为是如何在由过往经历设置了红绿灯的突触通道上产生

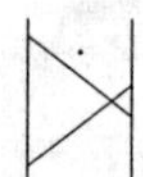

的。不过，我们从事后视角看到的杰出反应并没有使她感到“杰出”或“创造性”。这一点很重要：这是她的观念为她创造的可能性空间之中最自然的想法（实际上，这可能是对她来说最理性的想法）。人物 X（阿达德沃，图中左边的人物）的可能性空间包含了解决方案，而人物 Y（尼日利亚政府，图中右边的人物）的可能性空间不包含解决方案。因此，人物 Y 实际上看不到解决方案。这解释了一个人、公司、组织或国家无法“感受到”（字面和 / 或比喻意义）另一个人、公司、组织或国家的行动时出现的大量冲突。这里的问题并不是分歧，而是一种更为普遍的病态失明，它所影响的人比遭受眼病折磨的人多得多。

考虑到尼日利亚对于埃博拉传播风险的“失明”，我们显然可以发现，观念还有“另一面”，即负面可能性。观念对于大脑运转非常重要，但是并非所有观念都是有利的（至少整体上是这样，因为一

切事物必然与背景有关）……它们所产生的思想也是如此。它们使我们做出无用甚至具有破坏性的行为，比如使官员差一点将极具传染性的索耶解除隔离……或者将一些思想推广到没有用的背景中。所以，观念不仅会导致有用的感知，也会从本质上限制感知……这种限制有时是有利的（你通常不会拥有糟糕的想法），有时是有害的（你通常不会拥有优秀的想法）。我们是幸运的，因为人类大脑神经结构之中拥有生成这些结构的内在过程。发展永远不会真正停止，因为我们的大脑进化出了进化能力……我们适应了适应过程，适应了不断“重新定义常态”，根据持续试错过程用新观念转变自己的可能性空间。

现在，为了更好地理解观念是如何限制感知的，让我们考虑大脑潜在想法的理论地图（见 147 页图示），创造出行为的数学“上帝模型”，因为它采用了上帝视角。我们可以看到一切，包括已经发生的和正在发生的事情，以及可能发生或之前可能发生的一切。因此，我们可以表示每一种可能感受的行为 / 生存价值。我们可以将可能性空间转变成由山峰和山谷组成的“地貌”。山峰表示“最好”的感知，山谷表示最差的感知。我们将当前吸引子状态的神经空间转变成了“适应度地形”，这些吸引子状态来自我们在科学上所说的复杂系统的相互作用。“适应度地形”的思想来自数学、进化以及物理学等领域的研究，它用图表的形式表示某个特性（更一般的说法是“解决方案”）的“适应”程度如何，这个特性可以位于山谷、伪峰或真峰上。位于山谷里的特性会降低生存的可能性，使相关动物 / 物种消失。同较低的“山峰”相比，位于同一概念地形上的真峰会使动

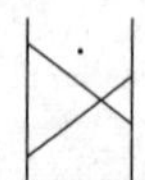

物/物种更好地生存。我们的思想和行为对于我们的有用程度具有类似的“适应性”。在下图中，山谷是最小的点，伪峰是中等面积的点，真峰是最大的点。注意，它们都是由相同的观念生成的。

了解生命的超适应地形意味着了解这种地形是如何随时间和背景变化的……从而意味着了解上帝的思想。这是声称自己知道真理的任何宗教文本（或者任何文本）的主题。科学文本对此具有尝试严格性（比如达尔文的《物种起源》以及斯蒂芬·霍金的《时间简史》），其他文本则不是这样（比如《圣经》《古兰经》和科幻作品）。当然，我们没有一个人是上帝……感谢上帝！……尽管一些人常常声称自己是上帝。更糟糕的是，他们甚至声称知道他/她/它的“想法”……简单地说，他们可以有效地和上帝“沟通”。问题是，在没有全知者的现实生活世界里，我们事先不知道哪种感知更好。这句话里的

“事先”非常重要！这是因为，这显然是试错或经验的全部意义，因为经验无非是探索可能性空间的“搜寻策略”。和阿达德沃医生一样，我们只知道我们的观念使我们产生的想法。虽然我们常常对于自己将会造成的结果抱有信心（在阿达德沃的例子中是挽救生命），但是我们事先不知道未来将会出现什么结果……尽管当前的观念是根据过去的成功和失败预测而成的，这很有讽刺意义。为了搜索你的可能性空间，找到这些最优感知，就像阿达德沃那样，你必须利用为你提供观念的感知经历的历史记录。真实或想象的试错过程无非是对这个地形的探索，其目的是发现最高峰，回避山谷。不过，如果你的可能性空间中既有优秀的思想，又有糟糕的思想，找到优秀思想的过程是怎样的呢？

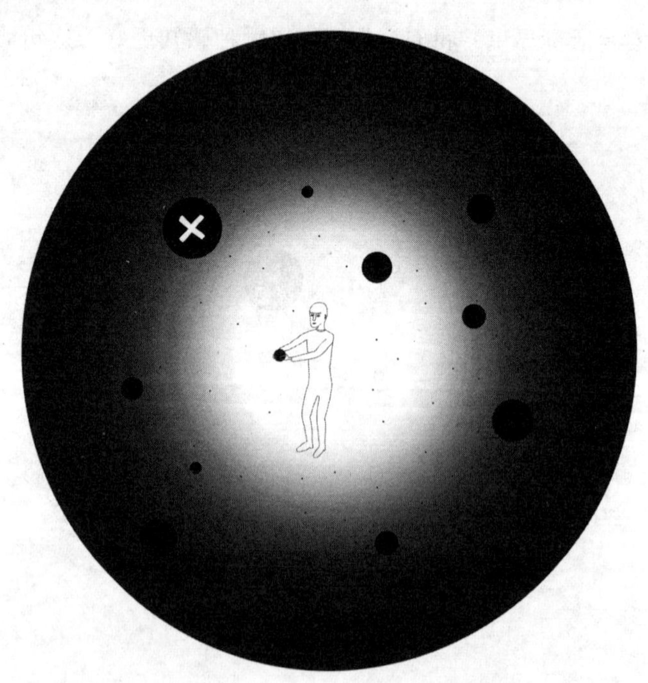

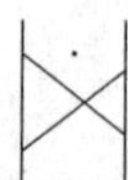

为回答这个问题，我用可能性空间中间的小人来表示你。这是你当前的感知状态。问题是，在思想或行为上，你下一步会去哪儿呢？对于一朵花的发育，埃琳娜·阿尔瓦雷斯–比拉（Elena Alvarez-Buylla）（通过与我的实验室合作）指出，花朵的不同发育阶段（从心皮到花萼到花瓣）遵循一定的顺序。这意味着进化过程不仅选择了状态本身，也选择了它们的实际顺序。大脑也不例外，它也具有神经模式不断变化的吸引子状态，根据某种空间和时间生态背景下刺激输入的性质，每个反射性反应会接在另一个反应的后面。

所以，在上页图中，不同可能性是由靠近你的黑点表示的，就像前面提到的那样。黑点越近，它就越有可能是接下来的感知（这里的“感知”还包括想法、决定和行动）。白色区域（比喻意义上的“近场”）是最有可能的“下一步”感知……即你获得当前观念集合的过去最有用的结果。

和进化本身类似，大脑只会对于我根据过去的经历认定的最有可能是正确感受的下一步为未来迈出很小的步伐。所以，和非常激动人心的观念“一切皆有可能”不同的是，“一切”并非在任何时候“皆有可能”。相反，它是微小的步伐随时间积累的结果。

现在，请注意这幅圆点图像上方看不见的黑色区域里的小X。它也许是原则上的最佳思想或决定，但它位于搜索空间的外层边缘，因此它是可能性很小的感知（这使它几乎无法被人看到）。为什么？因为你的大脑不会做出巨大的跳跃。

我们甚至可以说，相关的人/文化/物种甚至看不到遥远的X。

不

大脑

你的

会

巨大的

做

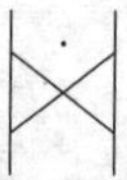

正像前面说过的那样，这显然适用于尼日利亚官员，他们起初不同意阿达德沃提出的隔离彼得·索耶的建议；他们自己的头脑中不太可能或不可能产生她的优秀想法。他们的经验历史（写入他们集体大脑中的过去的感知）将其放在了很远的地方。因此，虽然你在理论上可以想到无数事情，但你过去的思想和行为……你的观念或倾向……很可能会使你接近某些观念，远离另一些观念。

跳跃

所以，我希望你通过阅读本书写入大脑的第一个观念是：承认你每时每刻在所有行动和感知中拥有假设观念（或倾向）。在任何时刻，我们都在根据我们关于内在不确定信息的观念做出反应，这是我们唯一的行动。你无法在当下控制这一点。在多数甚至大多数时候，这是一个好消息。不过，不知道或不愿意承认拥有观念的人对于自己的大脑乃至自身是无知的。他们盲目地生活……他们无法看到山谷。他们只能看到自己的一座又一座山峰，直到灾难或失败来临。此时，面对环境，他们别无选择，只能丢掉古老而糟糕的观念，采纳新观念……有时，他们会被群体淘汰，获得臭名昭著的达尔文式结局。不过，在一些情形中，当灾难袭击的不是一个人，而是整体群体时，个人和组织都会受到影响。

2008年9月15日，雷曼兄弟金融服务公司在发布数十亿美元无法挽回的亏损后申请破产，其中大部分亏损来自次级抵押贷款。这些抵押贷款属于房贷，被发放给了不太可能拥有还款能力的群体。这种房贷拥有随时间增长的分级利率，因此贷款人更加无力偿还。数小时内，全球股市出现了暴跌。不久，全球领导人开始与银行家

开会，讨论遏制危机进一步扩大的措施。在随后的几个星期里，雷曼兄弟的炸弹甚至改变了当时担任参议员的贝拉克·奥巴马（Barack Obama）和约翰·麦凯恩（John McCain）在总统竞选活动中的关注点。金融部门出现了大规模裁员，随之而来的是其他几乎所有经济部门的裁员。人们对于“应该责怪谁”的问题进行了辩论。全球金融危机开始了。

对于此事最简单的解释是，华尔街押错了赌注。被贷款人用次级贷款掠夺的群体成了他们的赌博目标，而这不是一步好棋。与此同时，以保护经济体为目标的政府机构几乎没有阻止这种鲁莽的打赌。随后发生的事情和人类制造的大多数乱局一样，是不良观念的生动体现。掌权者认为这样的灾难不会发生。银行家也是如此，他们认为自己“极为庞大，因此不会倒下”。这种观念简单得可怕。他们错了，但每个人都在不断做出反应，让他们的环境适应大脑希望证实的偏见。接着，我们的经济体被其自身的观念束缚住了，其结果是进行有用感知的巨大失败。

我们知道，经济危机对全球数百万人的生活产生了灾难性影响。如果政策制定者拥有不同的观念坐标……也就是不同的可能性空间，拥有不同的山谷和山峰……那么他们也许可以减轻危机的严重程度及其带来的影响：失去的住房、残破的人生、凄凉的贫困。不过，他们没有这样做，这在某种程度上源自人类大脑进化的另一个方面。

作为一个物种，人类是在合作的环境中进化的。在这个环境里，生存取决于我们能否良好相处，能否与他人良好合作。我们都知道，与他人相处往往比反对他人更加容易。所以，我们的大脑发展出了

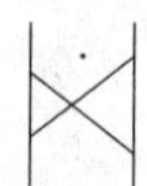

服从的倾向，这种我们每个人天生具有的“非白纸”特点（观念）会影响感知。例如，大脑扣带区喙部会释放促进社会从众性（你也可以将其看作集体峰态）的化学物质。[58] 这意味着其他人的可能性空间会影响我们自己的可能性空间，通常会限制我们自然产生的感知。这引出了文化基因的概念。

文化基因最初是由理查德·道金斯（Richard Dawkins）在1976年提出的。在这里，我们可以将这个概念推广为一个文化或社会具有的包含和决定其集体可能性空间的观念（当然，互联网上说的文化基因是我们每天在网上看到的短期热门事物，通常会得到疯传）。例如，美国南部宗教区对某个“刺激”的社会反应与信奉另一种“宗教”的纽约、旧金山或日本对于同一刺激的社会反应是不同的。对日本人来说，每天吃饭时将筷子插在米饭里是一种禁忌，因为它象征着死亡。在荷兰，同样的做法没有任何含义。这种看似不重要的观念影响着我们拥有和没有的想法，因为它们组成了我们可能性空间的观念坐标。我们很容易想象与性别、种族或性取向有关的文化/社会观念对于某些群体不得不反抗的偏见具有多么重要的决定性作用，因为他们在对抗他们所归属的集体大脑。因此，不同文化基因会产生不同的投票模式、幽默感、价值观……以及种族主义。这些文化基因具有稳定性，因为它们在物理上表现为大脑中的吸引子状态，因此很难改变。

想一下特雷沃恩·马丁（Trayvon Martin）的死。2012年，身穿连帽运动衫的17岁非裔美国人马丁在夜间被一个佛罗里达市民开枪射杀，后者错误地认为这个男生具有危险性，从而酿成了悲剧。

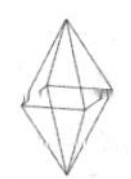

或者，想一下对于无辜黑人的所有“合法”谋杀。在西方，许多地区对年轻的非裔美国人和英国黑人具有感知偏见，尤其是当他们穿着某些服装时。在文化层面，许多人通过观察其他人的恐惧反应学会了惧怕黑人……这种现象甚至存在于黑人社区之中。喜剧演员伊恩·爱德华兹（Ian Edwards）在一个段子里讽刺了这一点。他描述了同一条街道上两个“身穿连帽衫的黑人”，两个人都在害怕对方。“嘿，老兄！我不想找麻烦。”一个人说。对方回答道：“我也不想，老兄……奶奶，是你吗？”“惧怕他人”是远离一件事物和接近另一件事物……通常是更熟悉的事物……的强烈倾向。当我们实践这种倾向时（大多数人都会这样做，但我们不愿承认这一点），我们所依据的通常不仅包括我们自己的感知，还包括我们所继承的错误感知。

在谈论偏见、观念及其主观来源时，有一点很重要：我们谈论的不是后现代相对主义。后现代相对主义仅仅因为一切事物存在于一个破碎的世界之中而为它们赋予相同的有效性。你的大脑生成的感知（包括社会历史塑造的感知）并非全都具有相同的益处。一些观念优于其他观念。否则，进化本身就不会出现，“相对适应性”这样的概念也不会存在，因为改变正是由适应的相对性导致的。例如，妇女石刑和生殖器切割具有基本而客观的负面性质，不管你如何创造性地证明这些行为的合理性。你可以令人信服地指出这些行为是“有用的”，因为实施这些行为的人可以更好地融入某些文化，但它们在客观上仍然是不好的。你应该做的是理解它们的来源，因为这样才会带来改变的可能。

为了更加普遍地理解当你面临创造性任务或问题时文化基因和

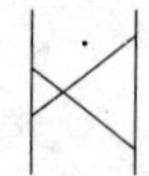

观念如何限制你的可能性空间，让我们进行另一项“阅读”练习。观察下面由15个字符组成的序列，以最快的速度将这些字母排列成5个单词，每个单词由3个字母组成。不要进行过多的思考。各就各位，预备，开始。

A B O D T X L S E M R U N P I

写下由三个字母组成的单词：

1.

2.

3.

4.

5.

现在，对于下面的字母序列，以最快的速度完成同样的任务。

L M E B I R T O X D S U A N P

再次列出单词：

1.

2.

3.

4.

5.

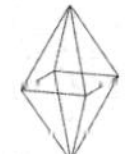

这一次，你也许写下了一组不同的单词，对吗？这里的关键是，人们利用第一个字母序列和第二个字母序列生成的单词通常区别很大。在大多数情况下，两组单词之中没有一个单词是相同的。不过，请注意，两个字母序列实际上是由相同的字母组成的，只是顺序不同而已。你的观念决定了你的思想所采用的不同脑电通道。

那么，你为什么会写下不同的单词呢？进一步说，你为什么会写下你所知道的单词呢？我并没有要求你这样做。答案是，你的大脑认为相邻的字母更有可能属于同一个单词。这是一种自然倾向，它来自大脑在学习阅读时形成的观念。而且，许多人的大脑学会了从右到左进行搜索。此外，我想你拥有关于什么是“单词”的观念。你是在从英语中选择单词吗？你完全可以从另一种语言中选择单词，甚至为一种没有意义的语言编造单词（我们从未说过这里的“单词”是哪一种单词）。不过，你可能会走上阻力最小的路径，这里的“路径”包括字面意义和比喻意义。从一开始，你就将无数感知排除在了你的可能性空间之外。那么，大脑中发生的哪些事情导致了这种做法呢？更重要的是，你为什么这样做呢？

一个有用的比喻是将大脑想象成遍布英国或者任何国家的广阔而运营良好的铁路系统。火车站是你的大脑细胞，车站之间的铁轨是大脑细胞之间的连接，火车的运动是大脑中的活动流。虽然网络的连通是理想而必要的，但它在本质上存在限制，因为和铁路系统一样，大脑的维持很昂贵：你的大脑只占身体质量的 2%，但它消耗的能量却占身体的 20%。（国际象棋大师在比赛中的思考过程每天可以“消耗”6000 ~ 7000 卡路里。[59]）你的观念是铁路系统的连接网

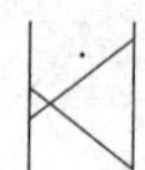

络。你对于感知有用性的历史经验和过往经验构造了你的观念及其必然存在局限性的路线。毕竟，任何铁路架构都无法承受在国家所有地点所有可能的车站之间铺设铁轨、让乘客能够直接前往其他所有地点甚至其中一半地点的成本。

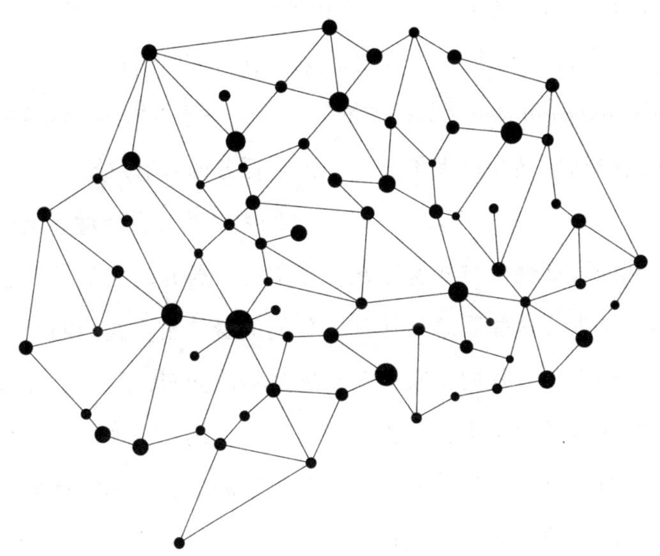

从传统意义上看，在字母序列练习中，你的神经列车事先安排的有计划的停车站会使你无法变得更有“创造性”。你的神经电冲动在受限的系统上运输你的感知，从而将一些思想从你的可能性空间中移除，使你无法获得这些思想。你的语言观念限制了你可以感知的事物。不过，当你认识到这一点的时候，新的可能性突然出现在了你的大脑里。如果你拥有了这种可能性，请回头重做这个练习。你的感知会发生变化。

所以，你现在应该清楚，过往感知将你限制在了你在可能性点阵中的位置上。当然，在我让你做这项“测试”之前，你早就知道

了这一点。我们都有过这样的经历：在被轻视几个小时后想出了完美的反击方式；在租下一套公寓以后意识到你应该选择另一套公寓；与错误的人建立关系/友谊/合作；在某种情况下完全没有任何好主意或解决方案。我们都听过“事后诸葛亮”的说法，或者至少经历过这样的事情。大萧条及其伴随的所有“马后炮”体现了这一点。2001年9月11日的悲剧也体现了这一点。《“9·11”委员会报告》（*9/11 Commission Report*）将恐怖分子驾驶两架飞机撞击世贸中心那天发生的事情归结为以保护美国公民为任务的政府“缺乏想象力”。不过，在“9·11”事件发生之前，我们大多数人看待世界上存在的可以想到的可能性的方式都很缺乏想象力。所有这些都是观念的神经生物学结果，这些观念延伸到了我们的身体里，我们的双手、耳朵和眼睛的形状，我们皮肤上触觉感受器的分布，运动本身的生物力学……甚至延伸到了我们创造的物体上。例如，蜘蛛网实际上是蜘蛛观念的产物，学术界称之为“延伸表现型”，即蜘蛛将自己延伸到了自己以外的世界上。还有羚羊，它具有响应其他个体视觉行为的共同大脑倾向：如果一只羚羊看到了狮子，这相当于所有羚羊都看到了狮子，仿佛它们是一个分布式感知系统。

不过，你的过去不是你的现在。大脑中的电模式（以及由相互交流的大脑共同形成的分布模式）也许“曾经”是最合适的反应，但它们不一定是目前的理想反应。的确如此……曾经有用的事物也许不再有用了。

自然世界处于不断变化之中。生命是有意义的相关噪声。如果你的世界是稳定的，那么保持不变也许是最佳策略。不过，世界并

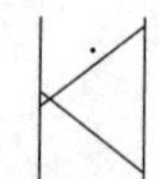

不稳定。它通常是变化的（尽管这种变化并不总是有意义）。进化是这一事实的忠实体现，因为运动（进化）的物种会生存下来，运动意味着生命。运动包括相对运动，因此它也意味着在周围一切发生转变时保持静止（或不变），就像吉卜林（Kipling）的诗《如果》（If）描述的那样。记住，背景意味着一切。我们的性状必须保持有用性；否则，我们就会带着我们的基因……及其导致的大脑结构中的内在观念……一起消失。当然，这就是我们已经消失的进化近亲尼安德特人和其他原始人类的经历。这种现实的变化性在今天同样明显。

旧的行业消逝，新的行业崛起，行业内的所有工作岗位也是如此。类似地，我们和朋友、家人、爱人之间的关系也在变化。变化是这些重要背景的内在特点，所以我们必须随着变化而动。我们必须要有适应性……最成功的系统具有适应性！

实际上，世界的“连通性”越强，世界上每件事情就越是“依赖于”在时间和空间上与之相邻的事情。这一点非常重要。我们都知道“当我年轻时……”的说法。不过，现在的世界的确和过去不同了。过去，阿兹特克人在任意一天发生的事情对于世界其他地区同时存在的社会或文化几乎没有直接影响，不管这些事情多么具有建设性或破坏性。今天则不然。今天，在纽约股票交易所的交易员睁开眼睛迎接新的“熊市日”之前，东京股市的暴跌及其影响就已经被纽约感受到了。新出现的全球吸引子状态的可能性提高了（所以，全球金融危机是一个负面例证，尽管不是所有例子都是负面的：“我们可以随意表达思想”的观念、互联网以及世界杯就是一些正面例子）。和所有连通性很高的发展中的系统类似，我们每天面对的吸引子状态变得更加难以预测，就像气候变化导致天气难以预测一样。

简而言之……由于我们现在可以更加直接地感受到其他人的行动，因此世界生态系统（物理和社会生态系统，二者共同影响着个人生态系统）的不确定性正在提高。

作为对于这种现象的反抗，宗教性、对于“差异性”的恐惧以及更加普遍的、对于失去控制的恐惧正在增长（一个例子是英国（准确地说，是英格兰）的脱欧投票）。全球文化基因也是如此。这些反抗策略存在一个替代方案：我们必须随着改变而改变（因为变化是我们这个生态系统的内在特点)，而不是施加一种不合适的人造秩序。这个解决方案具有深刻的生物学原理。它是我们以及其他系统进化出的实践。这里再次明确重申之前的一个观点(因为你应该记住它)：在大自然里，最成功的系统是最具适应性的系统。

如果我们不这样做，我们的大脑就会屈服于之前的惯性，我们就会仅仅坚持我们没有意识到的古老观念，提高个人和社会吸引子状态顽固的稳定性，而这仅仅是因为它们目前存在于我们的大脑之中。这样一来，我们就会进一步加强限制我们的吸引子状态。我们的观念使之成为一件无法避免的事情。

果真如此吗?

这使我们来到了这本书中一个可能令人困惑的时刻(希望如此)，同时也是一个非常重要的时刻。到了现在，你可能怀疑自己正在面对一个矛盾，它使我做出的“你可以看到不同”的整个承诺产生了动摇。我们之前说过，我们的大脑并没有进化出看到现实的能力，因为我们无法看到现实；因此，你的大脑在没有意义的信息中巧妙地“制造意义”。现在，我们对于我们只能获得某些感知(以及这些感知的数量很少)的原因做出了基于大脑的生理学解释。这就是问题所在：如果你所做的一切(包括你是谁)都是建立在你的观念之上，如果你的观念代表了你与外部和内部环境(即我所说的你的生态系统)相互作用的个人历史、发展历史、进化历史和文化历史，如果这些观念可以导致你当前几乎无法控制的反射性反应，那么你

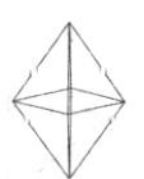

大脑的感知功能

过去的意义

仅仅由造就

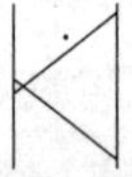

怎么能打破这种循环，看到不同呢？我们难道不是被永远困在“以固定顺序看到我们之前看到过的事物”的反射弧之中、变成每次医生（刺激）敲打同一部位都会自动弹起（感知）的双腿了吗？你的大脑难道不是无法去做其他事情，只能重复使用古老的神经电学“火车路线”吗？

到目前为止，本书使你了解了你的观察……使你成了自身观察的观察者、自身感受的感受者。我们已经知道，大脑的感知功能只是过往意义的物理表现。不过，我们还知道，创造感知的过程仅仅是大脑构造过程本身的内在程序。这件事蕴含了我们“真正的救赎”。构造感知的过程既是限制我们感知的途径，也是改变感知甚至对其进行扩展的途径。

你已经通过思考完成了偏离常规的第一步。你已经意识到，你通常是无意识的。

这意味着……这种意味有一些对抗性，我是说挑战性……由于你已经知道了这一点，所以我们每个人都不再拥有无知的借口了，而无知常常是改变的第一个障碍。如果我替换掉了你的大脑中“知道现实”的默认观念，那么我到目前为止的目标就实现了：你现在知道的比你过去知道的要少。通过减少知识，你（和我们）拥有了增加理解的机会。如果没有这个理解步骤，你在未来做出的每一个决定都将是基于历史的反应……这种反应可能有利，也可能有害。不管你的大脑对自己说什么，它都不会在这件事上拥有选择权。选择权存在于拥有选项的地方。对于“你为什么做出当前的行为”的理解提供了这个选项。它为你提供了选择的可能性，从而提供了意图的可能性。

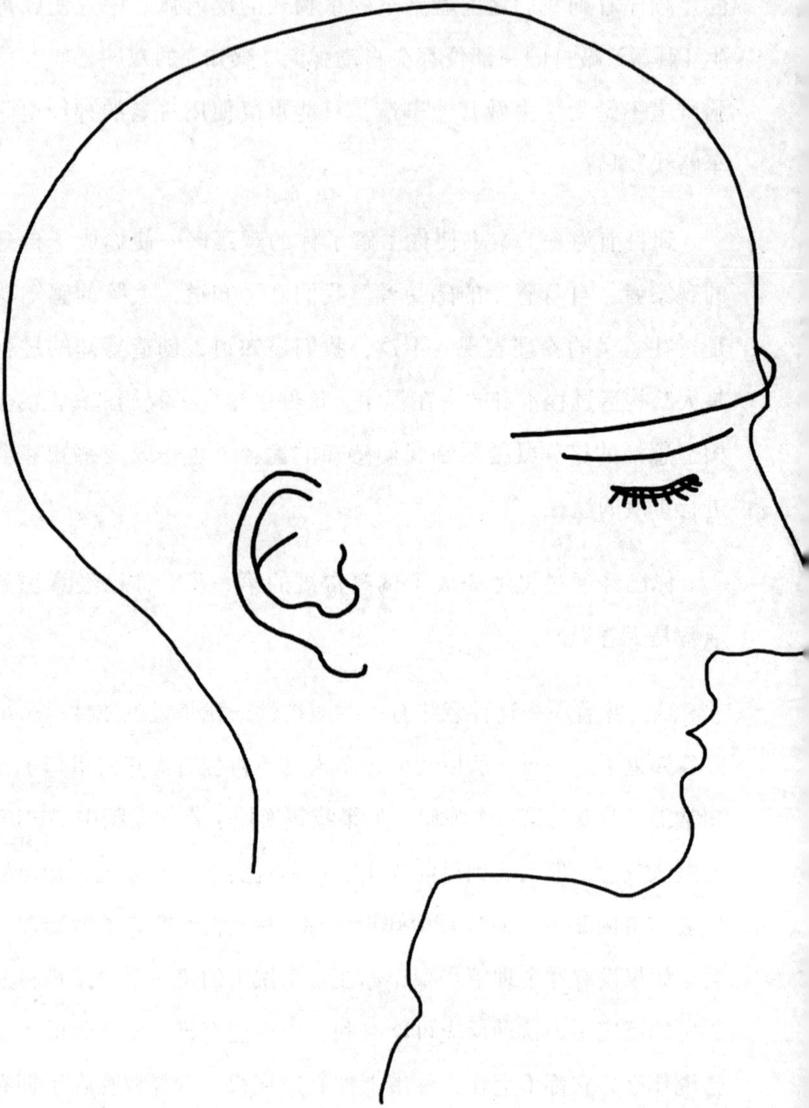

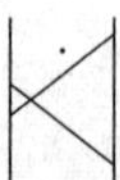

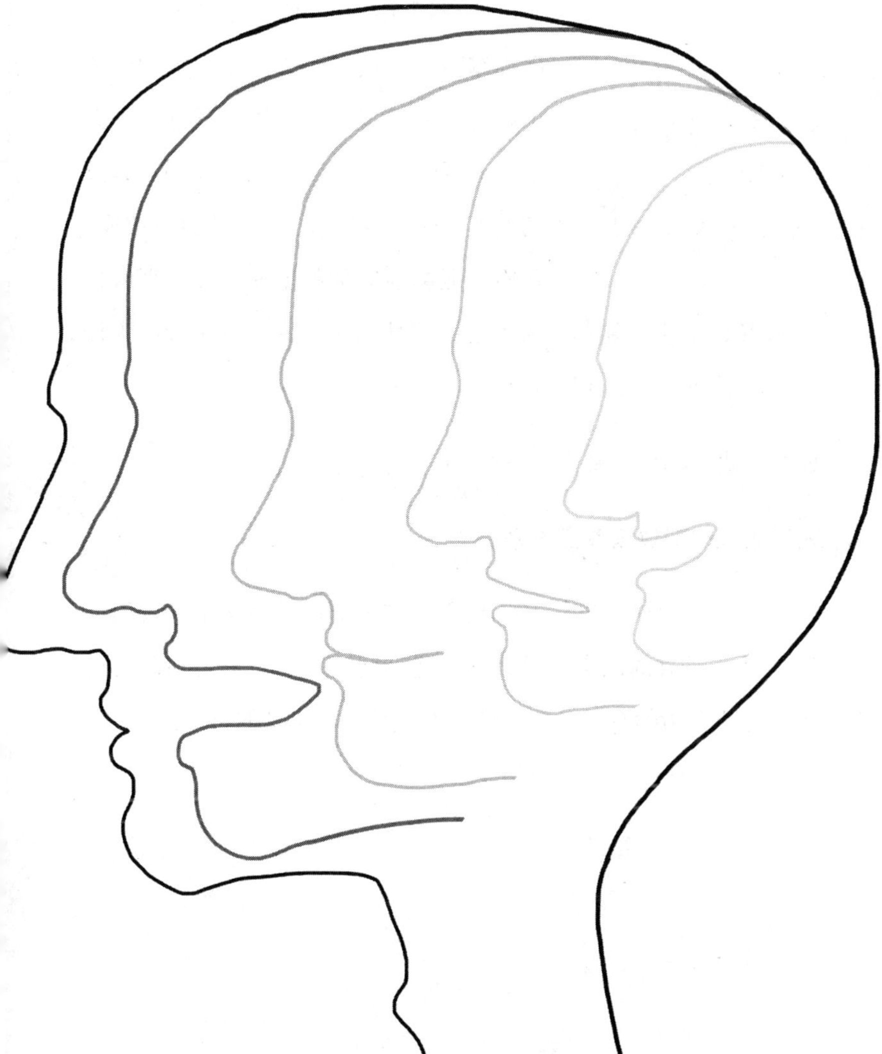

看到不同（以及偏离常规）始于意识……始于看到你自己的观察（但这绝不是结束）。它始于知道过去帮助你维持生存的一些常常不可见的观念可能不再有用了。它始于知道这些观念实际上可能是（或者变成了）对你（以及其他人）有害的观念。如果不进行改变，它们可能会缩短你的生命。真正理解这一点意味着真正感受到身为人类意味着什么……甚至意味着身为任何有生命的感知系统意味着什么。

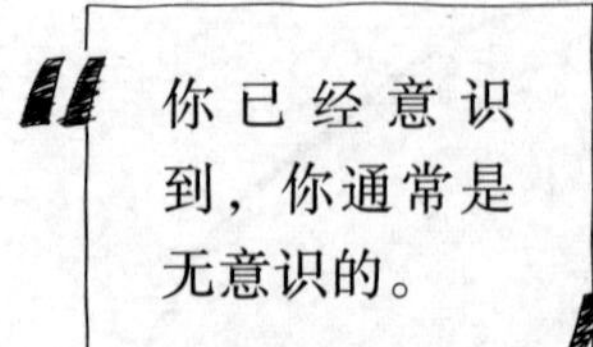

那么，我们如何看到不同呢？

我们通过改变过去改变未来。

这听上去可能很奇怪，但它是完全有可能的。事实上，我们一直在这样做。所有的故事、书籍、陈述、阅读或表演都是在改变过去，改变过往经历的意义，更具体地说，是改变未来的过去。

第 7 章
改变未来的过去

20 世纪 80 年代早期，本杰明·里贝特（Benjamin Libet）进行了神经科学史上最著名、最具争议性的实验之一。这项实验有一个非常简单的前提：参与者需要移动左手或者右手的手腕。

里贝特是加州大学旧金山分校生理系的一名研究员，他已于 2007 年去世，享年 91 岁。不过，他在 1983 年发表的那篇基于实验的论文目前仍然非常有名。他发现，我们的神经回路为我们制定的行为决策与我们对这些决策的意识之间存在时间差。他的研究结果引发了一场关于大脑、人类意识以及自由意志的辩论，这场辩论至今仍然强度不减。为什么？因为他的发现挑战了“我们有能力产生具有创造性的新思想”这一观点。换句话说，他的实验意味着我们不是自身命运的有意识的主人……我们只是看着自身命运的展开，错误地认为我们在掌控自身命运。不过，我们的确拥有控制权。要

想知道如何运用这种控制权，我们必须首先理解为什么我们拥有控制权。

里贝特的实验是这样的：他和他的团队首先在参与者的头皮上安装电极，以测量他们的脑电活动。接着，参与者被要求移动左手或右手手腕。在此之前，他们需要指示他们确定移动哪只手的具体时刻。这是通过一个类似于秒表的设备巧妙实现的，这个设备能够以毫秒精度测量三个时刻：参与者的神经电信号指示的他们在大脑中制定决策的时刻（德语为 Bereitschaftspotential，即“准备电位”），参与者有意识地制定决策的时刻，以及参与者的手腕实际移动的时刻。结果呢？平均而言，参与者大脑皮层准备电位的出现时间比他们自己意识到的移动决定早了 400 毫秒，而且后者又比实际移动早了 200 毫秒。这一发现看上去似乎很直观，因为它意味着一种自然“顺序”，但是这项实验在当时和现在都具有深刻的哲学意义。[60]

根据里贝特（以及其他许多人）的解释，他的发现说明参与者的有意识决定是一种假象。它们根本不是决定……至少不是我们通常认为的决定，因为它们在被参与者意识到之前就出现在了大脑里。参与者具体大脑网络活动的相关吸引子状态在他们名义上用于制定决策的有意识大脑行动之前就已经出现了。在此以后，这项决定才出现在他们的意识中，伪装成他们移动手腕的原因。这暗示了当前的决定可能不是有意识的主动意图，而是决定自动感知行为的神经机制。由此得出的推论是，自由意志并不存在。如果里贝特的实验是正确的，那么这意味着人类是其终极虚拟现实经历（即他们自己的人生）的被动观众。

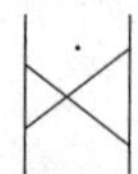

多年来，里贝特的发现变得极具争议，甚至引出了一个全新的研究领域……自由意志神经科学。此外，里贝特的实验还让哲学家感受到了同样强烈的不安或愉悦，具体感受取决于他们在决定论和自由意志的古老辩论中偏向哪一边。这是因为，里贝特的实验证明，我们对于现在所做的事情没有控制权，因为我们当下所做的一切都是一种反射性反应，尽管这与我们的感觉不符。在任何时刻和任何地点，我们一直在进行被动的反应……至少是在我们无意识的时候。

不过，主动性的缺乏并不意味着我们无法按照意图行动。要想实现按照意图行动，关键在于意识。当我们意识到感知的基本原则时，我们就可以对于我们无法看到现实的事实加以利用。为此，我们必须记住，我们的所有感知代表了我们以及我们的社会关于什么有用以及什么没有用的过往感知。所以，虽然我们无法有意识地控制“当前的现在”，但是我们可以影响我们“未来的现在”。如何做到这一点呢？答案是改变我们未来的过去。这引出了关于自由意志可能存在于何处的深刻问题——如果我们拥有自由意志的话。

这是什么意思呢？

里贝特的实验表明，关于我们对当前事件的反应，我们几乎没有自由意志。不过，通过想象（幻想）过程，我们可以改变过去事件的意义，不管它们发生在一秒之前，还是像一些文化基因那样发生在几个世纪以前。改变过去事件的意义必然会改变我们体验世界的“过往”历史——这当然不是改变事件本身，也不是改变来自这些事件的感觉数据，而是改变用于预测感知的统计历史。从感知的角度

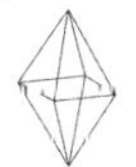

看，通过使用自由意志改变过往历史的意义（即我们的叙述），我们可以改变我们从此以后的未来历史……从而改变我们“未来的过去”。由于未来的感知（就像你现在经历的感知一样）也是对其经验历史的反射性反应，因此改变我们“未来的过去”可以改变未来的感知（具有讽刺意义的是，所有未来的感知都是在没有自由意志参与的情况下生成的）。因此，我们构造的关于自己相对于世界的几乎每一个故事都在试图改变过往经历的意义，以便从个体和/或集体层面上改变未来的反射性行为，不管这些故事是来自心理治疗师的咨询、认知行为治疗还是对于这本书以及类似科普图书的阅读。

在实践中，要想改变未来的过去，我们首先应该做什么呢？

回答：提出一个问题……或者玩笑。

伟大的捷克作家米兰·昆德拉（Milan Kundera）的第一本小说《玩笑》（*The Joke*）就是一个具有完美层次的完美例证。小说的核心人物是一个年轻人，名叫路德维克（Ludvik），他讲了一个笑话。在20世纪50年代的捷克斯洛伐克，在那个“笑话具有恶劣影响”的时代，这个笑话很不合时宜。[61]路德维克喜欢一个姑娘，但是他感觉这个姑娘并不欣赏他。他给她寄了一张明信片，上面写着：“乐观主义是人们的鸦片！健康的气氛具有愚蠢的味道！托洛茨基万岁！”她把他那具有颠覆性的信函交给了当局。这件事以可怕的方式改变了他的未来，使他在许多年后做了一件残忍的事情。不过，在这本书结尾，成熟的路德维克对他的过去进行了反思，得出了一个决定性的结论，这个结论或许有点草率。他断定，他所写的笑话和其他看似无害的行为一样，是超出人类控制范围的历史力量的结果（这是一个明确反对自由意志的观点)："我突然感觉到，在一个人距离去世还有很长时间的时候，他的命运常常已经注定了。"

具有讽刺意义的是，《玩笑》讲述了路德维克人生起伏的故事，而这本书在现实生活中的出版则导致了昆德拉本人的生活及其国家命运的动荡。《玩笑》在出版后不久，很快就被政府列为禁书。和路德维克的笑话一样，昆德拉的书"可怕地繁衍出了越来越多的愚蠢笑话"。不久，昆德拉失去了教学工作，流亡法国，他的人生轨迹发生了改变。专制政权将这本小说及其讲述的笑话看作一种威胁，将其作者看作一个具有威胁性的偏离常规者。这是因为，政府（尤其是专制政府）及其政治顾问懂得为历史重新赋予意义的力量。影响过往意义的人会改变那些认同过去的人未来行为的基础。因此，像昆德拉的小说以及此前和此后许多人的作品那样用具有客观无害性的纸和笔探索过去某件事情原因的做法成了具有重要影响的反叛行为……这最终影响了昆德拉自己的未来。多年后，昆德拉在一次采访中嘲讽地说，他的每一本小说都可以命名为《玩笑》。[62]

所有这些事情之所以发生，是因为昆德拉不仅出版了一本小说，而且参与了人们能够做到并且在历史上一直在做的最危险的事情。他提出了一个问题：为什么？

询问"为什么"是意识的证据……是主动怀疑的证据。《玩笑》是"为什么"拥有力量的证据。特别地，"为什么"的颠覆性体现在它在历史上制造的变化之中，体现在政府和机构、宗教以及（最具讽刺意义的）教育系统对它的积极镇压之中。因此，创新者创造新感知（改变未来的过去）的第一步不是对任何事情询问为什么，而是

对于我们认为成立的事情……我们的观念……询问为什么。可以说，质疑你的深层次观念、尤其是定义你（或者你的关系或社会）的观念是你能够做到的最“危险”的事情，因为它最有可能以同样强度导致转变和毁灭。它之所以拥有如此重大的影响，正是因为它可以改写过去，让你对于之前似乎已经是固定现实的概念和环境获得新的思考方式。如果你不询问为什么你拥有某种反应，你就没有机会创造另一种反应。不过，学会不断询问为什么并不容易，尤其是在这个人们认为信息非常重要的时代。

“大数据”是21世纪初像货币一样强大的流行词汇。从医学到商业，甚至到个体对于每天“步数”的测量，我们这个社会的许多领域已经迷上了大数据。一家流行乐队甚至将其作为了自己的名字。大数据是指极为庞大、需要新的数学分析方法以及大量服务器的数据集合。大数据（准确地说，是收集大数据的能力）已经改变了公司的经营方式以及政府观察问题的方式，因为“这种庞大信息的堆积将会带来之前无法获得的深刻洞见”这一信念得到了媒体的疯狂传播。通过收集关于我们行为的元数据……这些数据目前主要局限于我们基于互联网的浏览 / 购物 / 旅行习惯……各公司可以根据我的“偏好”（即观念）直接面向我进行推销。网飞也许可以更好地推荐我所喜爱的电影和节目；亚马逊也许可以更好地根据我在春季喜欢购买的商品向我推销，从而提高交易成功率；交通应用程序也许可以更好地根据我在时间和审美之间的权衡模式引导我的出行；健康研究人员也许可以更好地帮助我定位体内的危险。

具有讽刺意义的是，大数据本身并不能产生洞见，因为人们收

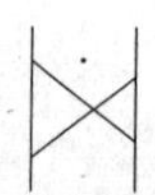

集的是关于“谁/什么/哪里/什么时候”的信息，比如多少人点击或搜索了某件事情，他们在什么时候和什么地方进行了点击或搜索，或者其他各种可以定量的细节。这些“谁–什么–哪里–什么时候”能够向你提供的正是“大数据”一词公然承认的东西：大量该死的数据……

如果没有大脑（以及未来得到人工智能辅助的大脑）在背景之中概括出有用性（有效找到超越特定情形的明智的类比），信息将无法为我们服务。如果不知道“为什么”，我们将无法找到能够推广的定律（基本原则）……比如重力定律，它不仅适用于任何特定物体，而且适用于一切拥有质量的物体。另一方面，如果不理解效应背后的原因，那么这些效应只是飘浮在以太中的一堆数据点，其本身无法提供任何有用的结果。大数据是信息，它相当于落在视网膜上的光线模式。就像我们之前讨论的那样，刺激本身是没有意义的，因为它们可以表示任何事情。同样的道理也适用于大数据，除非将某种具有转化性的事物……即理解……引入所有这些数据集合之中。

理解可以将信息维度降低到拥有已知变量的较小集合上，从而降低数据的复杂度。想象你所在的初创公司开发了某种加热设备，你希望对其进行定向推销。在你的研究中，你对活体动物的体温进行了一系列测量，尤其是它们失去热量的速度。你发现，它们都在以不同的速度失去热量。你测量的动物越多（包括人类），你拥有的数据就越多。由于你勤奋而专注地进行测量，你积累了巨大的数据集合，其维度越来越大，其中每一种动物本身就是一个维度，尽管这种简单的测量看上去很直观。不过，这些测量数据本身无法告诉

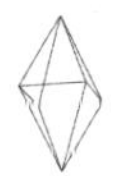

你为什么不同动物的热量损耗率存在差异。

你需要对数据集合进行组织。不过，从原则上说，你有许多组织方式。你应该按照类型、颜色、表面性质进行组织，还是按照一个、两个或多个变量的组合进行组织？哪一种组织方式是最好的（或“合适的”）？“正确”答案应该让你获得最深刻的理解。在这个例子中，答案是按大小组织。我们知道（因为有人的确做了这个实验）大小和表面积之间存在逆相关：动物越小，它们按比例拥有的表面积就越大，它们失去的热量就越多，它们需要以其他方式补充的热量损耗就越多，这为寻找解决方案的进化试错过程创造了条件。

你找到了一个可以推广的原则。之前的高维度大型数据集合现在已经坍缩成了一个维度，成了一个简单的原则，它来自于对数据的使用，而不是来自数据本身。理解可以超越背景，因为不同背景根据这项原则所包含的之前未知的相似性发生了坍缩。这就是理解的作用。当你获得理解时，你可以在大脑中感受到它。你的“认知负荷”出现了下降，你的压力和焦虑等级出现了下降，你的情绪状态得到了改善。

再来看看被人利用的郁闷的路德维克。他的人生哲学是否适用于人类的感知？你的感知“命运”是否已经在你的控制范围以外得到了“注定”，因为它是由不包含自由意志的历史进化力量决定的？当然不是。“为什么”不仅引发了布拉格之春，而且引发了法国大革命、美国革命以及柏林墙的倒塌。引发这些社会变革浪潮的革命者和普通市民提出了相同的问题：为什么事情是这样的，而不是那样的？如果你让足够多的人向自己提出这个问题，许多极难预测的

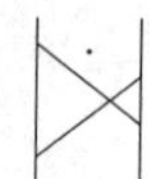

事情就会突然成为可能（你无法事先定义这些事情）。原因很简单："谁""什么""哪里"和"什么时候"会引出在比喻意义上由街灯照亮的、位于可见区域的答案（即测量数据）。当然，测量很重要，更加一般的描述也是如此。不过，数据不是理解。例如，虽然传统学校仍然在教授可以测量的事物（比如通过死记硬背学到的答案），但是这些方法无法让那些接受测量的孩子学会理解。这是街灯下的教学，但是我们知道钥匙掉在了其他地方，掉在了某个黑暗的地方。我们没有在黑暗中搜寻，而是留在灯光下，获取越来越多的可测数据。虽然某些测量所需要的工程技术取得了令人难以置信的成就，但收集数据是一项简单的任务。理解为什么才是困难的地方。我要再次强调这一点……"生财之道"不在于知道，而在于理解。因此，在考虑 TED 演讲（有趣的思想家在舞台上向观众解释个人思想的在线流行视频）的崛起时，我们需要考虑"值得提出的问题"，而不是"值得传播的思想"。优秀的问题（大多数问题并不优秀）揭示和建立联系的方式同大脑在我们无法接触的客观现实之中构造现实……我们在未来用来进行感知的过去……的方式是相同的。

这就是乔治·奥威尔（George Orwell）的名言"每个笑话都是一场微型革命"如此明智的原因。[63] 值得一提的是，从苏格拉底（Socrates）到维特根斯坦（Wittgenstein），询问为什么具有悠久的传统……这种哲学思想家的传统可以上溯到无法考据的远古时代。哲学家所做的事情是考虑之前的观念（或者偏见或参考框架）并质疑它们。哲学家对其进行详细讨论，或者对其进行微调，或者试图将其推翻，用另一组新观念替换它们，这组新观念又会以同样的方式

受到另一位哲学家的研究。这种看似深奥的质疑方法其实并不深奥。它不仅是一项可以习得的技能，而且在这个喜欢寻找最佳万能答案的世界上具有巨大的实用价值。这就是我们必须将哲学的方法和存在方式引入日常生活中的原因。任何具有创造性的事物都是由这种哲学质疑开启的。所以，哲学可能是我们正在消亡的知识学科之中最重要的学科之一。学校甚至很少告诉孩子如何提出问题，更不要说什么是好问题或者寻找好问题的技巧了。因此，我们成了“伟大的工程师和糟糕的哲学家”——这不仅是比喻，而且具有很大程度的字面意义。

对于观念的质疑是革命的诱发因素，不管是微型革命还是大型革命，不管是科技革命还是社会革命。对于大脑的研究告诉我，创造性事实上并不具有“创造性”；从根本上说，“天才”来自以强大而新颖的方式质疑合适的观念。罗塞塔石碑的故事证明了这一点。1799 年，一名法国士兵在尼罗河沿岸的小型港口城市拉希德发现了罗塞塔石碑。这是一块炭黑色的花岗岩石板，高度接近 4 英尺[⊖]，宽度超过 2 英尺。它原本位于一座已经消失的建筑（可能是庙宇）之中，后来被用来建造堡垒。石板从上到下刻着复杂的铭文，包括三种不同的“笔迹”：古希腊文、象形文字（祭司使用的一种“高级”正式写法）和通俗文字（一种“低级”大众写法）。象形文字和通俗文字是表示古希腊语的两种不同方式，但是当时没有人知道这一点；语言和文字在岁月和帝国的变迁中发生了融合和转变，留下了一串关于其进化过程的混乱而令人困惑的线索。学者们迅速意识到了这

⊖ 1 英尺≈0.3 米。

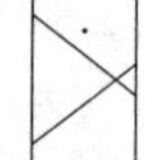

块石碑可能具有的革命性意义。对于在吉萨留下金字塔、墓穴、木乃伊和其他神秘物品的法老文明，学者们的了解相对较少。而且，他们对于法老文明的语言一无所知。因此，这块石碑似乎是上天赐给他们的礼物，使他们有机会直接了解古埃及文字系统，进而了解文字背后早已消失的文明。用今天的时尚极客语言来说，罗塞塔石碑可能是一个“密码分析框架”(cryptanalytic crib)。

石碑是在一场国际军事阴谋中被发现的。拿破仑在1798年入侵埃及，希望控制大英帝国这个遥远的角落，以挑战英国的霸权。他失败了，但是这次入侵预示甚至决定了罗塞塔石碑的命运。它使法国人和英国人同时出现在了发现石碑的现场，如果没有法国人，石碑就不会被发现，但胜利的英国人将其带回了本土。这引发了两国学者之间的一场斗争，体现了两国相互敌对的帝国雄心。由于当时的学者懂得希腊文，因此他们觉得只需要翻译石碑上的另外两种“语言”，就可以将其破译，进而破译出古埃及留下的其他所有文字。

唯一的问题是，没有人知道如何用希腊文破译象形文字和通俗文字，直到让·弗朗索瓦–商博良（Jean-François Champollion）横空出世。

法国人商博良出生于1790年。当罗塞塔石碑被发现时，他还是一个孩子。不过，他最终被奉为“古埃及学之父”。他的父亲是书商，母亲不识字。到了16岁那年，他已经学会了十几种语言。他很有天赋，但是不喜欢单调枯燥的学校生活。他对古埃及最感兴趣。英国作家安德鲁·罗宾逊（Andrew Robinson）在《破译埃及密码》（*Cracking the Egyptian Code*）一书中引用了商博良1808年写给父母的信件，这封信说明了一切：“我希望对这个古老的国家进行持续彻底的研究。当我不断获得新思想时，人们对于这个国家大量古迹的描述为我带来的热情以及我对它的力量和知识的崇拜一定会增长。我向你们坦白，在我崇拜的所有人之中，没有一个人在我心中的分量能够超过埃及人！”[64]

> 这个带有数字的罗塞塔石碑是一个隐形游戏：如果你在老式手机上用T9技术输入3384283，你就会拼出“DEVIATE”一词。

到了20多岁，商博良已经成了受人尊敬的语言学家和学者（他在19岁时已经成了教授）。他非常刻苦努力，他的动力是学习他所能学习的每一种语言、研究拿破仑在征伐过程中占有并带回巴黎的每一件物品的愿望。当时，人们在埃及石碑的研究方面已经取得了一些进展。其中，在破译方面表现最突出的是杰出的英国医生兼物理学家托马斯·杨（Thomas Young）。

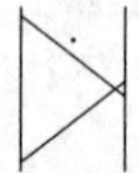

在历史上，杨在很大程度上被商博良的光辉所遮蔽，但他也和歌德一样，拥有广泛的兴趣。和歌德不同的是，他是一个拥有真正实力的科学家。他也研究了色彩感知，并且做出了这方面最基本的预测之一：人眼具有三种日光感受器（叫作“三色视觉”）。尽管他本人是“色盲”。杨曾花费大量时间和精力研究罗塞塔石碑上令人困惑的铭文，但他没能获得解锁这些文字的洞察力。当商博良在1815年重新将注意力转向罗塞塔石碑，试图对其进行翻译时，一场学术领域的军备竞赛开始了。

杨和其他人之前依据的假设观念是，埃及象形文字只是一种符号——是代表概念的字符，与口头语言没有对应关系。不过，1822年1月，商博良获得了刚发现的一个与克利奥柏特拉（Cleopatra）有关的方尖碑的铭文复印件，这使他更加深入地理解了象形文字的复杂性。比如，古埃及曾使用声符。

在此基础上，为了破解罗塞塔石碑，商博良需要质疑杨的基本假设，以便使用另一个正确的假设观念：象形文字表示的是语音……是科普特语的单词。科普特语是古埃及语的一个分支。在不知疲倦地掌握各种语言的过程中，商博良刚好学过科普特语。在取得这个突破时，商博良非常激动。据说，他大喊一声“找到了！”然后昏了过去。

我们通常认为，创造是将两个曾经相距很远的事物放在一起的“啊哈”时刻。我们想：“啊！你是怎样将这两件事物放在一起的呢？我永远不会想到这样做！”两种想法的距离看上去越远，发现者的天赋就越强。我们认为重量级原因导致重量级结果。正像罗塞塔石碑

向我们展示的那样，要想理解到底发生了什么，我们必须清除这些迷思，对感知机制进行考察。

让我们首先感受一下通过质疑改变观念的力量。让我们回头来看第5章被我们改变方向的钻石。在你翻动这本书并“使”钻石旋转之前，你的大脑处于某种生理状态（因此也处于某种感知状态）……即看到一组静止的线条。我们可以用第6章以自我为中心的圆圈图来表示这种“状态”。圆圈图中间的“人”表示你。

现在……请翻动这本书。

由于你的大脑拥有“我们通常从上向下观看平面”的内在偏见（观念），考虑到你的经验历史，你最有可能看到的旋转方向是向右

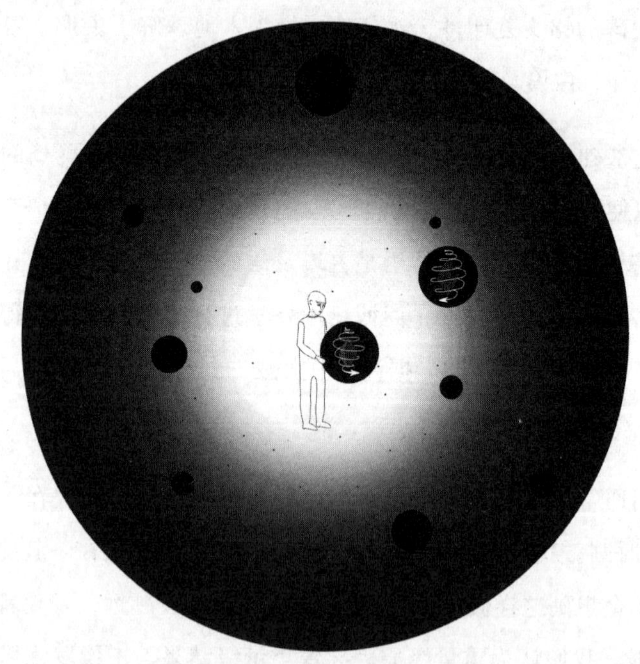

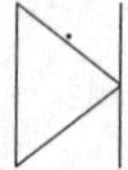

转。所以，当你翻动这本书时，即使线条没有移动，你的大脑也会看到每幅图像之间的微小物理差异，感受到这种信息最有可能的意义（而不是信息本身），看到向右旋转的运动物体；这仅仅取决于大脑的主观解释，这种解释依据的则是你过去的有用性历史。这提醒我们，在给定时刻，不是所有感知都具有相同的可能性。一些感知的可能性总是大于另一些感知。

我根据小球与你当前“位置”的距离来表示你接下来最有可能感知到的事物，其中右旋与中心位置非常接近。你的大脑根据它与世界相互作用的历史迈出了一小步。

所以，虽然其他感知可能存在理论上的可能性（钻石从右向左旋

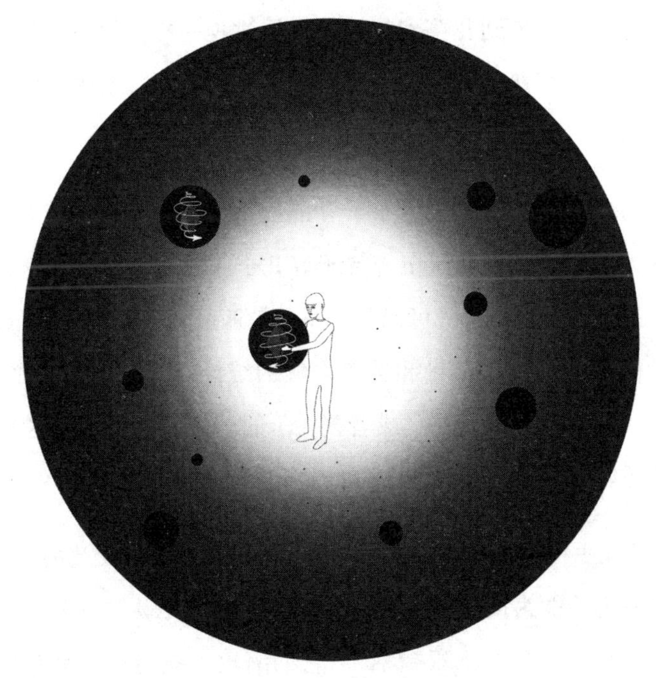

转），但它们位于可能性圆圈的“黑暗区”。不过，如果改变你的观念（你在从下向上，而不是从上向下，观看钻石平面），你的可能性空间也会发生改变，使之前不可能的感知成为可能，使之前可能的感知失去可能性。

记住，感知并非存在于《星际迷航》的宇宙中：行为不会发生瞬移。你的心率会逐渐提高，而不是在不经过中间状态的情况下从每分钟 50 次突然跳到每分钟 150 次。你的肌肉无法使你在这一刻保持坐姿并在下一刻站立。商博良并不是突然开启了古埃及学。这个过程之中存在一系列细微的线性运动。这不仅适用于身体，而且适用于大脑：你不会突然发现伟大的思想。“提出想法”的过程感觉上可能是一种跳跃，但是其中包含了数千个细微而有序的步骤。正像花朵存在从心皮到花萼到花瓣的发展过程一样，你不会从可能性空间的这一头突然飞到那一头；代表过去“最佳”做法的回路对你具有限制作用。让我们考察一个极具现代感的例子。

2008 年 3 月，苹果发布了 iPhone。为了购买这种新设备，全世界的人们排着长长的队伍等待了好几个小时。据报道，这是人类历史上最为畅销的产品（可以与《圣经》匹敌）。不过，重要或具有启发性的事情并不是销量和销售金额的统计；这种统计只是描述谁、什么、哪里或什么地方（或者多少）的信息。重要的是考察 iPhone 以及随后的智能手机改变我们的方式和原因。

智能手机为我们提供了一种与世界交流和相互交流的新方式（尽管你一定不能为此而赞美他们，因为你必须承认，这种“新”的交流方式在某些情况下很糟糕）。它们缩短了我们长期具有的物理生

活与我们目前拥有的与之平行的数字生活之间的距离，为我们提供了到目前为止将这两种现实和谐地联系在一起、使之成为一种生活（不管好坏，这都是我们的未来）的最佳桥梁。因此，智能手机改变了我们的生活方式，史蒂夫·乔布斯（Steve Jobs）和苹果首席设计师乔尼·艾夫（Jony Ive）影响了许多人的生活，包括你的生活，不管你是否拥有他们的产品。他们提供了一个超越地理、文化、语言和个体性格的解决方案。这是一个非常惊人的成就。这种解决方案深入到了普通人的经历之中……这种经历首先是由大脑及其创造的感知定义的。

不过，重要的是，创造这种巨大转变的步骤是很小的，开启每个步骤的是一个问题……尤其是询问“为什么”的问题。苹果并不是神奇地凭空创造出了 iPhone。乔布斯、艾夫以及整个公司拥有“询问为什么”的过往感知模式。因此，在其他人看来具有创意或者根本无法想象的想法对他们来说是直观而符合逻辑的。他们在苹果公司的框架之中自然而然地产生了这些想法，尽管这并不意味着他们没有在寻找这些想法时投入大量精力。根据我们前面提到的神经吸引子感知模型，苹果团队获得的观念使他们的集体大脑火车能够停在其他人根本不知道的车站。每个问题都在改变可能性空间的结构，这种改变有时幅度很大。被改变的不是一个人，而是许多人。因此，其他人的空间得到了永久性的改变。

在谈论天才和革命性的概念时，有一件非常微妙的事情：当我们和整个世界分享我们的思想时，我们无法知道结果如何。一些洞见、概念或产品迅速对人们的生活产生了影响，比如象形文字代表

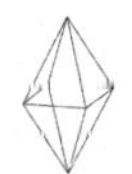

口头语言，或者开普勒做出的“我们不在世界中心”的发现，或者使水手第一次迎风前进的三角帆，或者苹果公司史蒂夫·乔布斯的远见以及乔尼·艾夫的设计哲学。其他一些想法失败并消失了，比如20世纪80年代的家庭影院激光影碟“创新”。那么，为什么一些想法和问题导致了巨大的改变，另一些想法和问题则没有做到这一点？为什么米兰·昆德拉在发表小说《玩笑》之后需要流亡国外，而其他一些在同一时期发表小说的捷克斯洛伐克作家则不必如此呢？为什么史蒂夫·乔布斯永远改变了现代生活，而你和我却没有呢？这件事有办法解释吗？是的，有办法。

体型大的人跳进游泳池会溅出很大的水花。体型小的人跳进游泳池会溅出小一些的水花。这是显而易见的。不过，思想并不遵循同样的规则，这就是创新感知如此强大……如此受到期盼的原因。

要想理解“天才”，我们必须挑战“重大结果一定来自重大原因”的观念。重大结果不一定来自重大原因。而且，最好的结果基本上都不是由重大原因引起的。每个人都在寻找能够培养出“独角兽”的小型投资。解决方法是一个看似“很小”，但却具有巨大效果的问题；我认为这就是“优秀”问题的定义。看似重大的问题（思想）可能几乎没有效果。对于这个可以观测的事实，数学家进行了研究，他们的解释将我们带进了近年来最具颠覆性的科学领域之一……复杂理论。通过理解为什么一些想法而不是另一些想法造成了巨大的改变，我们可以学着更加有效地构造和定位那些能够导致“天才式突破”的问题。询问“为什么”的问题能够导致突破，尤其是当这种问题挑战已知真理时。不过，由于我们在内心深处接受了线性

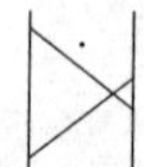

因果关系的观念，认为创造性意味着通过自发的洞察力将迥然不同的元素联系在一起，因此我们必须理解背后的原因。在这个过程中，这种意识可以使我们获得观察、实验和合作的新方式。

复杂理论是过去30年出现的一个宽泛的科学研究领域，也是我的实验室在15年时间里在适应性网络背景下积极参与的研究领域。它可以帮助我们研究地震和雪崩等自然现象以及经济危机和革命等人造现象。复杂理论帮助科学家证明了这些具有影响力的事件实际上是由遵循数学模式和原则的相互作用的部分组成的系统。剧变无法预测，但在剧变过后，其“剧变性”会根据“幂次定律”有序瓦解。这是因为，复杂系统最终会进入“自临界”状态，这种状态位于稳定和激变之间极其狭窄的门槛上。此时，一粒沙子的降落（或者1967年捷克斯洛伐克一本小说的出版）可能不会产生任何结果，也可能引发一次滑坡。在人类已知世界的所有生物系统甚至所有系统中，大脑是最为复杂的系统。

复杂系统的基础其实非常简单（这不是在试图陈述悖论，就像将一尊雕塑描述为“又大又小”的艺术评论家那样）。一个系统之所以难以预测，因而具有非线性（包括你和你的感知过程，或者制定集体决策的过程），是因为组成系统的各个部分是相互联系的。由于各部分的相互作用，系统中任何元素的行为都会受到与之连接的其他所有元素行为的影响。我们都是复杂系统的例子，因为作为人类，我们都是复杂系统，我们所生活的社会乃至整个环境也是复杂系统，包括其进化历史。不过，千百年来，科学一直在追逐另一种假设观念，追逐一个事实上不存在的世界……一个“线性因果关系”世界，

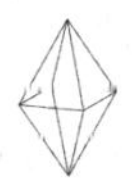

这在很大程度上是因为大脑在进化时似乎将这种观念当成了一种有用的近似。这种观念认为A导致B，B导致C。最能体现这种观念的就是牛顿物理学公式。根据这些公式，整个世界不是一个舞台，而是一张台球桌。牛顿视角具有近似性。来自这个物体的能量导致那个物体运动；快乐的原因导致快乐的结果。这种模型有用但不准确。问题在于，将一个系统分解成各个部分的做法排除了使之变得自然、美丽而有趣的事物——物体之间的相互作用！生命以及生命的感知存在于相互作用之中。

（这引出了来自生物学的口号“活在关系之中”。）

我们可以将这些相互关联的事物想象成一个通常拥有不均匀连接（叫作“边”）的网络中的“节点”（元素），不管这些节点是什么。在任何网络中，一些节点的边（连接）多于另一些节点。这使我们回到了“问题”上。具体地说，是优秀的问题……指向观念的问题。

> “生命以及生命的感知存在于相互作用之中。”

我们的观念显然是相互联系的。它们是通过边与其他节点相连接的节点。观念的基础性越强，它的连接就越强。我想说的是，我们的观念及其创造并与之相互作用的反应、感知、行为、想法和观点组成的高度敏感的网络是一个复杂系统。这种网络一个最基本的特点是，当你移动或破坏一个具有紧密连接的事物时，你不仅影响了这个事物，而且影响了与之相连接的其他所有事物。因此，微小的原因可能产生巨大的结果（这不具有必然性，而且事实常常是相反的）。在高度紧张的系统中，指向基本观念的简单问题可

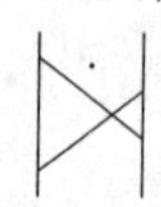

能会以激进而难以预测的方式改变感知。

以下一面三张简单的点图为例。图中有16个观念（节点）。在第一幅图中，所有观念之间都没有连接（没有边）。第二幅图中有一些连接。在第三幅图中，所有节点连接在了一起。假设你通过质疑"移动"右上角的一个节点。此时，第一幅图中只有这个节点会移动。现在，假设你对第二幅图中的相同节点做同样的事情。此时，只有三个节点会移动。最后，假设你对第三幅图的相同节点做同样的事情。此时，所有节点都会移动。你可以将其看作对"天才想法"的视觉呈现。一个关键想法或意识会引出其他一系列想法或意识，使不再有用的观念像"纸牌屋"一样坍塌。

你的大脑中和创意过程中的观念的相互作用就是我们所说的"嵌入式层次结构"。它们像你的身体一样。你的身体由器官组成，你的器官由细胞组成，你的细胞由细胞器组成，你的细胞器由分子组成，依此类推。从根本上说，一个社会其实是组成我们所有人的分子元素不断变化的密度分布。每个人只是较大系统中的一个吸引子状态，就像在海上生成的、将会拍打在海岸上的波浪，或者流速很快的河流上转瞬即逝的漩涡。一个观念的层次越低，基础性越强，它的变化对系统其他组成部分的影响就越大，因为整个层次结构建立在它的基础上。所以，合适的问题即使很小，也会使一个人、一个发明、一个想法、一个机构甚至整个文化发生变化（最好是变好，但也有变坏的时候）。

在这里，偏离常规的原则是：质疑会开启"探寻"，开启进入未知世界的旅程。最有洞察力的探寻始于"为什么"……尤其是当它

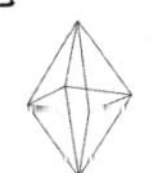

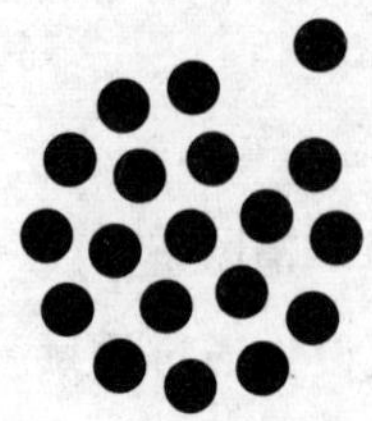

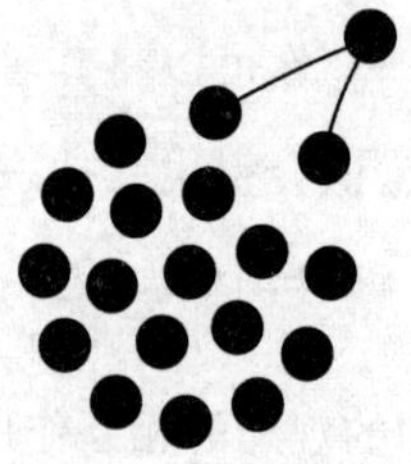

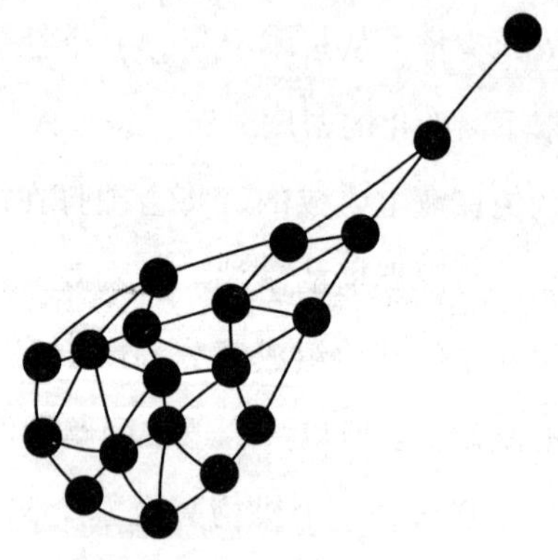

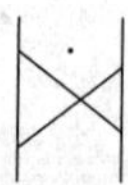

指向你所相信的真理时。由于你的真理是高度连通的观念，因此当你改变这些观念时，你可能会改变整个系统。这意味着你在新的可能性空间中迈出的下一步可能具有“创造性”。此时，选项出现了。通过选择，你开始了改变未来的过程。

大脑本身就可以体现相互关联的重要性。具有创造性的大脑中存在较高层级的皮层活动……也就是说，在产生“灵感”的时刻以及其他时刻，生成热量的想法比较多。这是因为，在这些时候，大脑中的模式分布变得更加广泛，从而更具连通性和交互性；抑制作用也出现了下降，这意味着大脑中喜欢喊出“否定物理学”的声音在频度和音量上出现了下降。为了消除你的疑问，我再介绍一点：一些迷幻剂对大脑具有类似的效果，比如“神奇蘑菇”中的迷幻剂。恩佐·塔格利亚祖基（Enzo Tagliazucchi）、利奥·罗斯曼（Leor Roseman）以及他们在伦敦帝国学院的同事最近的功能成像研究证实了这一点。通常，当我们观察一个场景时，大多数神经活动局限于大脑后面的主视皮层。不过，在服用麦角酰二乙胺（LSD）以后，面对同样的视觉场景，被试者的视皮层变得更加活跃，其他许多区域也变得活跃起来。换句话说，麦角酰二乙胺会使大脑活动通过神经网络中的更多区域，从而将大脑中的更多区域联系起来。除了这种生理变化，许多人还报告说，他们产生了“自我消失”感和“一体”感。考虑到这种更加“开放”的视角，下面的事情也许并不令人吃惊：研究表明，低剂量的致幻剂（比如“神奇蘑菇”中的裸头草碱和麦角酰二乙胺）可以在很长一段时间里促进人际关系的发展，支持夫妻治疗，降低抑郁水平。通过将大脑中的更多区域连接起来，

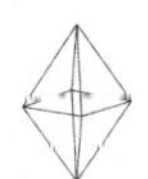

这些化学物质似乎可以使人们超越目前根深蒂固的观念，创造出新的观念……扩展可能性空间，从而改变他们未来的过去以及未来的感知（通常是变好；具体反应根据服用的剂量不同而不同）。

这听上去可能像是在支持人们使用致幻剂，但它只是“信息”而已。如果你觉得它在情感上具有挑战性（人们常常会产生这种反应），那么具有挑战性的并不是信息本身，因为信息本身是没有意义的。如果你产生了这样的想法，这可能是因为，根据你对这种信息的理解，它与你自己的观念集合产生了冲突。不过，信息具有不可知性。也就是说，它并不会与你的观念相冲突。你对这种知识的理解取决于你自己。

总而言之，创造其实是一个非常基本的、触手可及的过程。它无非是对于描述个人可能性空间维度的观念提出疑问，从而改变你的可能性空间而已。因此，将世界划分成（或者自我认同为）“具有创造性的”人和“不具有创造性”的人的做法具有误导性。在不断变化的世界里，我们都是需要生存和发展的饥饿的鱼……这意味着我们都需要偏离常规。因此，我们需要从问题而不是答案入手，尤其是询问“为什么”的问题。这种质疑观念的过程是完全可以实现的。我们都拥有可能性空间，并且生活在具有背景的动态世界里，所以我们所有人都可以，甚至必须改变这些空间。在当代社会，我们之所以认为一个人具有创造性，是因为他能够看到我们无法看到的不同事物之间的联系。不过，对于这个“具有创造性”的人来说，这两种思想 / 感知之间的距离并不是我们在生理感知上无法跨越的。相反，它是能够导致巨大变化的一小步。考虑到这一点，我们传统上认为的创造性突然失

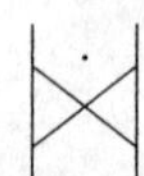

去了创造性。创造性只在外人看来具有创造性。

换句话说，只要学会使用我们大脑中已经拥有的工具，用我们自己提出的具有正确目标的“为什么”来改变我们未来的过去，我们就可以改变昆德拉笔下的路德维克无法改变的“命运”。不过，如果我们通常定义的创造性完全不具有创造性，为什么创造如此艰难呢？

> 创造性只在外人看来具有创造性。

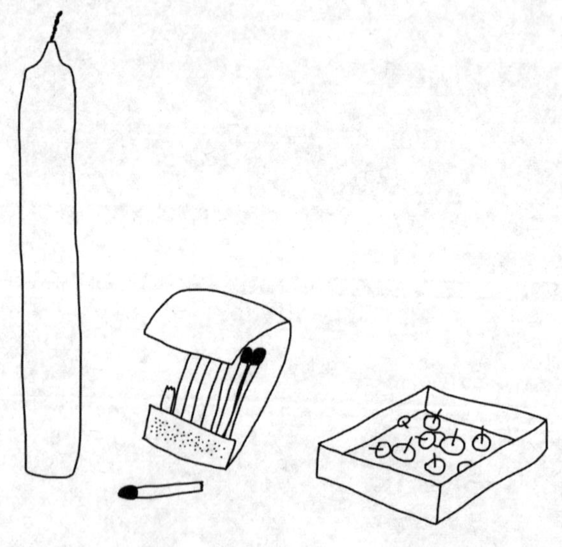

第8章 让不可见的事物变得可见

革命性问题及其开启的革命来自旧观念的拆除以及更加明智的新观念的确立。问题是，我们常常不知道为什么我们会做出当前的行为。我们已经看到，塑造感知的观念常常像维持我们呼吸的空气一样……它们是不可见的，因此我们很难知道在哪里询问和定位我们的问题“为什么”。在这一章，我们将学习如何看到我们看不到的事物。

看一看上页图画面中的物体：一根蜡烛、一板火柴、一盒图钉。你的任务很简单：用图中的物体将蜡烛固定在墙上并点亮。这就是“邓克尔蜡烛问题”（Dunker's candle problem），是由卡尔·邓克尔（Karl Dunker）提出的。（请不要在下面寻找答案。）注意，盒中的图钉长度不足以穿透蜡烛。

你是否遇到了困难？大多数人都会遇到困难。当我第一次看到

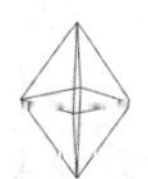

这个问题时，我也很困惑。虽然“正确”答案（可能性空间中的X）客观上很简单，但是大多数人都需要花费很长时间才能想出答案，甚至可能想不出答案。这是否意味着我们是没有创造性的个体，无法将两个迥然不同的想法放在一起，无法充分参与到“神秘而幸运的创造过程”中？这是否意味着我们缺少只有少数能够实现远距离跳跃的个体才具有的基因？

还记得吗？你的可能性空间地貌是由你的观念决定的。在这张空间图的构造中，某些观念以及大脑中某些活动模式（吸引子状态）的可能性高于其他观念和模式。类似地，观察下图中的立方体（我们稍后会重新谈论火柴和蜡烛问题）。你会看到立方体结构顶部的深色平面、下面的浅色平面以及二者之间的圆角。你会看到（尽管你不一定会有意识地发现）平面和圆角的状态与自上而下的照明相一

致。有趣的是，由于我们是在地球上进化的，而地球上的光线是从上向下照射的，因此这种大自然的特点被添加到了我们根深蒂固的大脑观念之中。所以，我在与戴尔·珀维斯共同进行的一项关于康士维错觉的研究中绘制了这张图，尤其是两个平面之间的圆角，使之能够证实大脑中的这种观念，激活相关"轨道"，使你认为你所看到的两个平面受到了不同的照射。

不过，这两个平面在物理上是相同的。它们具有相同的颜色。

如果你不相信，请观察下面将两个平面的中心区域单独呈现出来的示意图。你还可以将书本上下颠倒过来，使信息刺激与从上向下照射的光线不符。此时，错觉的强度会下降，因为现在的刺激不太符合"光线来自上方"的观念。

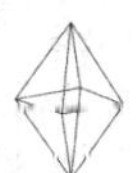

适用于立方体的道理也适用于蜡烛和火柴盒的创意挑战。你无法看到立方体表面的内在物理现实；同样的道理，你也无法看到蜡烛挑战的实际解决方案……因为你看到的是你的观念可能性空间中可能性最高的感知。不过，就像旋转钻石的例子一样，当你改变观念时，你可以改变接下来可能的感知。这道题之所以很难，不是因为解决方案本身很难，而是因为你看不到解题所需要的观念。如果你知道这些观念是什么，你就会立即得到解决方案，因为根据解决谜题所需要的新的观念集合，这个解决方案是最显而易见的答案。

所以，让我们重新考虑下面这个问题：我们是没有创造性的个体，还是天真地坚持个人观念的人……这些观念限制了我们能够看到、想到和想象到的事物。在探索后一种可能性时，让我们暂时停下来，试着发现你对于图中每个元素的个人观念。

你对于图钉有什么观念？你对于火柴盒有什么观念？你对于蜡烛本身有什么观念？将这些观念清晰地表述出来；如果愿意，你甚至可以把它们写下来。你为什么认为图钉具有某种用途而不是另一种用途？作为这个问题的延伸，你可以提出另一个问题……然后再提出一个问题……在这个过程中，你可以实时看到自己的观察过程。问问自己，为什么这种方式不仅适用于挑战观念，而且适用于寻找观念。这种方式使你能够同时在头脑中容纳和评估多个现实，这些现实甚至可以是相互矛盾的。现在，可能性是否发生了变化？

在第一幅（想象的）图中，图钉位于盒子里。因此，你的大脑进行了阻力最小的感知，认为盒子是容器，而容器是用来容纳物体的事物。它不可能是其他事物，直到你开始考虑它可以是其他事物的

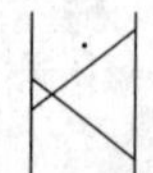

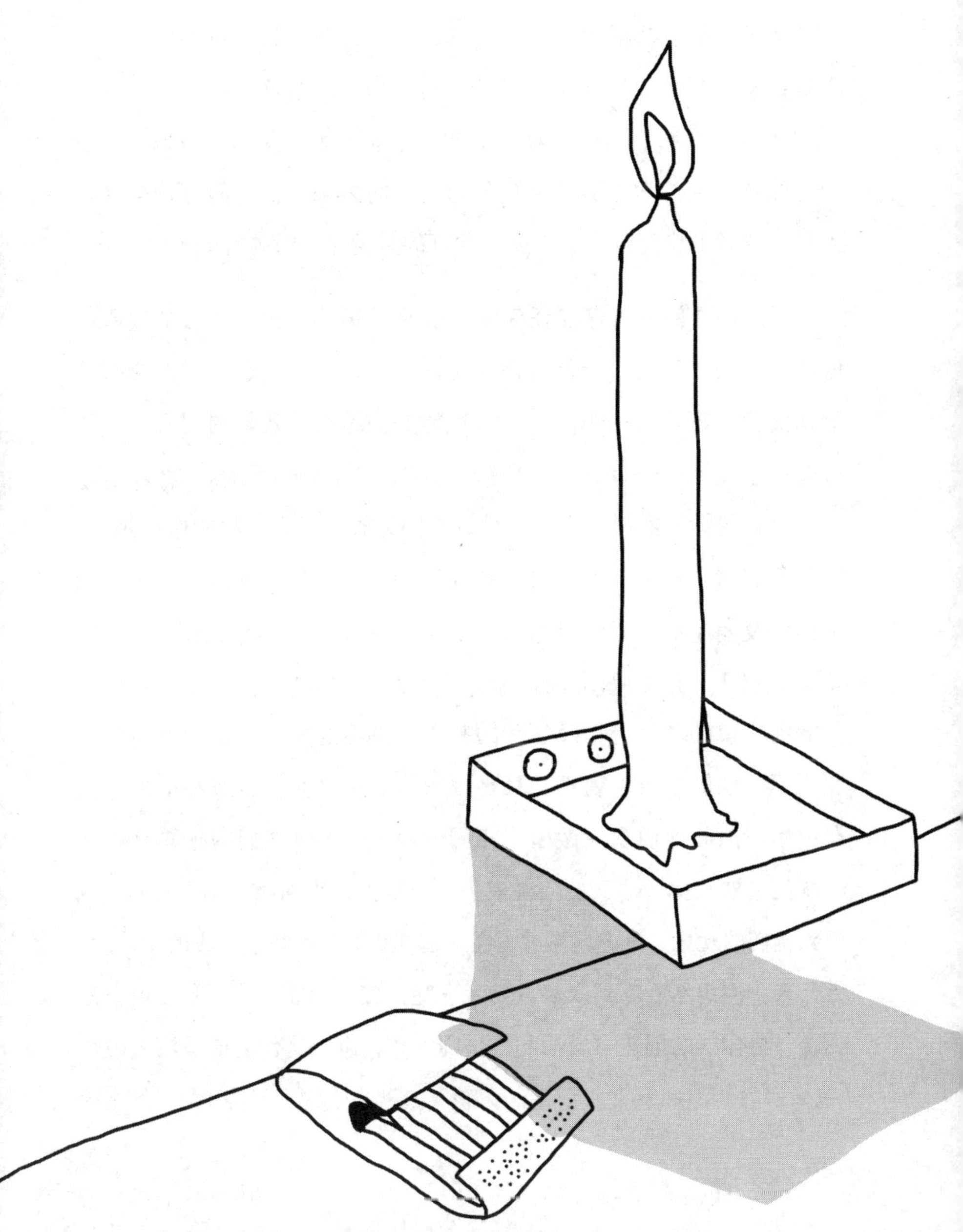

可能性。因此，当你观察第二张（想象的）图，看到图钉放在盒子外面时，这种刺激将你的大脑从第一个观念（“容器”）中解放出来，使“架子”的想法成为可能。当然，你可以在头脑中将图钉从盒子里取出来。不过，你甚至没有想过这样做，因为这个问题本身受到了你的观念限制。不过，对于那些（有意识地或者无意识地，后者的可能性更大）改变了对于盒子的观念的人来说，他们可能会在灵光一闪的时刻找到答案。不过，这真的是灵光一闪的时刻吗？

不是！这件事不存在任何特别神奇的灵感。相反，和其他所有创造性事物一样，对于具有创造性的人来说，这是迈向下一个可能感知的符合逻辑的一小步，因为优秀的问题会导致新的观念，导致可能性空间的重新排列，而这恰好产生了巨大的影响。在这道题中，阻止我们发挥创造性的不是将不同思想联系在一起的遗传倾向，而是我们这个物种看不到自身感知行为原因的遗传倾向。这是看到不同以及偏离平淡的常规感知最重要的障碍之一：**我们的观念看不到我们，正如我们看不到它们。**这种带有偏差的盲目性是我之前所说的“否定物理学”的基础。说不的人不一定知道为什么要说不。他们之所以说不，只是因为他们在之前的类似环境中一直在说不，因此他们现在做出了相同的表现，仿佛他们的感知是无法改变的自然定律。这又使质疑失去了可能性，直到我们不再盲目（意识到我们的观念）为止。不过，在知道“我们是由观念构成的”以后，为什么我们仍然看不到众多重要观念呢？如何形成一种不断发现个人观念、将休眠的创造力激活的方法呢？如何解决这种造成了巨大破坏（包括宗教狂热和日常生活中的偏执）的概念上的盲目呢？

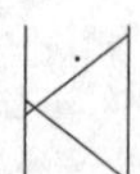

我们之所以常常看不到我们的观念，一个主要原因在于，大脑倾向于认为自己是稳定而不变的。不过，我的合作者引用过我们最喜爱的诗人沃尔特·惠特曼（Walt Whitman）的一句话："我包罗万象。"对诗歌来说，它是一个可爱的比喻，捕捉到了人类精神的细微之处。对神经科学来说，它是一个得到证明的事实，捕捉到了感知的本质。正如认知科学家布鲁斯·胡德（Bruce Hood）所说："我们的身份是我们自身的故事，是我们大脑构造的叙述。"[65] 从这种意义上说，我们就像我在前面展示的光线错觉实验中根据环境的不同而改变灰度的色块一样。我们的观念，以及我们的性格随着时间、地点以及我们身边的伙伴的变化而变化。不过，我们很少根据这种思想对待生活。它会使我们感到紧张。

这件事的证据是，各家公司将数百万美元甚至数十亿美元投入到"人们是稳定而不变的"这一假象上。在21世纪的商业领域，有一种为人们下定义的巨大潮流。各家公司真正想问的是"人们的观念是什么"。这种趋势首先是由谷歌和Facebook开启的，因为它们对信息的"价值"进行了研究。不过，谷歌和Facebook想要的不是信息本身，因为我们知道，原始信息是没有意义的，它们就像落在视网膜上的刺激一样。这些公司想要知道的是，为什么你在搜索你所搜索的事物。关键词语义学的兴起就是这种行动的体现。许多硅谷公司目前专注于将资金投向能够提供关于人类观念的独特数据的企业。不过，这种趋势几十年前就以"定向营销"的面目出现了。归根结底，它的目标是迎合某人的偏好。不过，只有知道这些偏好是什么，知道另一个人的"为什么"，你才能很好地迎合他的偏好。

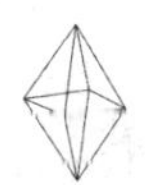

所以，一个很自然的结论是，许多公司所做的事情是假设顾客的性格不受环境影响，不会发生变化……也就是假设顾客的综合平均值可以代表他们。这是街道上有光亮的，因而可以测量的那片区域。不过，所谓的“可测性”具有内在局限性；而且，从根本上说，它不符合人们与他人共同生活的现实。

例如，如果你的恋爱对象认为你拥有普通人的观念，你会怎么做？想象这个伴侣向你提供平均水平的爱，花费平均水平的时间和你在一起，以平均方式和每周平均次数与你进行平均水平的交欢，和你分享平均水平的感受，在平均年龄和你结婚生子（希望你们生下的不是平均数量的孩子，否则孩子的数量会是个分数）。[⊖]令人吃惊的是，由于所有人类都是在同一主题上表现出微小偏差的个体，因此这不是一个糟糕的策略。只要不过分伤害我们的自尊，我们一开始可能会适应这种策略，因为作为人类，我们拥有相同的基本观念。大多数人际关系都是以这种方式开始的……实际上，大多数陌生人之间的交往都是这样的。这很实际，因为一个人在一开始只能这样做。

不过，长期来看，这是一个优秀策略吗？当然不是。在与世界上的人交往时，将他们看作不变而可以测量的“平均水平个体”可能导致灾难性后果。

2014 年，维秘公司在英国开启了“完美身材运动”。和往常一样，新款内衣系列的广告照片主打具有曲线身材的骨感超模，她们

⊖ 上述“平均”是整个社会的平均。——译者注

使大多数潜在顾客自惭形秽，尽管广告的目的是激起她们的购买欲望。愤怒的女性不是像维秘希望的那样用急切而疯狂的抢购回应这场宣传，而是发起了一场愤怒的反对运动。Change.org 上的请愿活动在网上疯传，活动提出了明确的请求："我们希望维秘公司为其'完美身材'运动发出的关于女性身材及其评判标准的不健康的、具有破坏性的消息道歉并承担责任。我们希望维秘公司将其文胸尺码模特的广告语改为不再宣传不健康、不现实审美标准的广告语，并且承诺未来不再使用这种有害的市场宣传。"

维秘公司没能迎合潜在顾客的真实身份。更重要的是，该公司没能迎合潜在顾客的审美观，后者实际上包含了许多不同的身材和特征。相反，该公司只宣传了一种审美观（这种审美观常常倾向于理想的"平均"审美），它和人们具有多样性的个人生活以及我们具有多样性的集体审美观没有任何关系。该公司的错误不仅在于呈现了"无法实现的"目标，而且在于他们认为他们知道顾客可能性空间中的观念……即所有女性都希望获得一种"完美身材"，而这并不符合事实。这完全是不可能的，因此人们希望某个品牌能够反映而不是排斥她们的独特性。最终，维秘放弃了过去持有的关于如何在宣传中有效推动销量的观念……至少在某种程度上如此。他们保留了广告宣传中的照片，但是为其设置了新的标签："一种身材代表所有身材。"

维秘公司的表现说明，他们似乎不知道他们的行动是为了什么；他们疏远了他们想要拉近的群体，这当然是糟糕的商业策略。而且，该公司似乎并不理解顾客的可能性空间，不知道这些空间是我们每

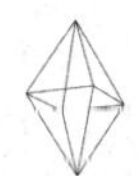

个人的背景，尽管他们很可能为对宣传活动进行预测试而进行了焦点小组座谈会或者其他类型的研究，但是这些研究显然失败了。要想更好地理解顾客，企业应该减少对于焦点小组座谈会或者问卷调查等常见市场研究方法的关注。这些方法只适用于稳定的环境和不具有人类特点的顾客。前面说过，人类不仅不稳定，而且很天真。因此，社会心理学家的研究表明，人们给出的不实答案往往具有惊人的比例。有证据表明，调查对象的回答反映了他们希望具有的状态，而不是他们的实际状态。此外，他们有时并不认真，甚至把虚假回答当成了一种乐趣。这就是为什么我们必须“在我们的自然生境里”进行研究。在这里，人们在考虑后果的情况下制订真实的决策，其反馈要么很平凡，要么非常重要。因此，研究人们的行为比研究他们对其行为的反思式解释要可靠得多。一个有用的感知原则是，如果你想要理解人类或者人类制造的某种情况，你需要知道他们的观念。不要问他们！如果你想要理解你自己，最好的答案有时来自另一个人。研究表明，其他人可以比我们更好地预测我们的行为，更好地对我们进行有用的预测。不过，我们拥有一个重要内在方法，这种方法可以使我们更加清晰地看到自己……不把自己当成“平均水平个体”，使我们获得偏离常规和质疑的力量。

这种方法是什么？情绪。感觉生理学常常可以向我们讲述我们需要知道的一切。这很重要，因为我们的情绪是向我们揭示个人观念的指标之一。（在得知致幻剂对于个人生活具有积极作用的数据时，一些人的反应体现了这一点）。当我们进入任何给定情形时，我们都会拥有期望。为了奖励你预测未来（包括预测他人行为）的能

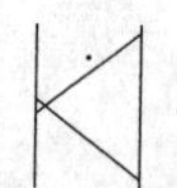

力，你的大脑会在皮层的不同区域释放出使你感觉良好的化学物质。不过，当你没能进行正确预测时，你会体验到平静的对立面：你会感受到负面情绪，你的感知之中充满了随之而来的所有感觉。你的观念辜负了你，这意味着某个有用的预测感知不在你的可能性空间之中。因此，你在与自己、他人或世界发生冲突时感受到的负面情绪仅仅反映了现在发生的事情与你认为“应该”发生的事情不符；

也就是说，当前的意义与过去的意义不符。有趣的是，当你有意识地发现你在某种情形下的观念时，即使你的观念没有得到满足，你的情绪反应也会得到缓解，因为你在第一时间知道了影响个人感知的力量。我之前在伦敦大学学院的同事发现了一个公式，这个公式可以粗略预测一个人在给定情形中是否感到快乐。[66]这一发现的核心是事件是否与预期相符。此外，如果事件的预期与你的预期相符，你的快乐水平就会在事件发生之前得到改变……直到你实际经历这次事件。快乐本身常常存在于对事件的预期之中。这是因为，多巴胺（大脑中与积极感受相关的众多神经递质中的一种）在积极事件发生之前会增加，在事件发生时会减少。

为了说明问题……为了将创造的挑战放在更加直接的生物学背景下……考虑晕船现象。我们有时在船只上感到恶心，尤其是当我们在甲板下方时。一个原因在于，我们的两种感官之间发生了冲突。当我们的视线在我们周围的船只上移动时，它们实际上在对大脑说："我们在纹丝不动地站立。"不过，由于我们的内耳接收到了指示移动的信号，因此它们对大脑说："不，我们显然在移动。"所以，你的大脑前庭系统和视觉系统之间发生了冲突。你的大脑进入了不确定状态。内部生理冲突的一个重要反应就是恶心，它意味着大脑在对身体说："别开玩笑了！"为了消除冲突带来的不确定性，你可以躺下来，闭上眼睛（从而消除信息之间的冲突和斗争），或者走上甲板，看看地平线，使眼睛和内耳的感官输入恢复到互补的确定状态。现在，世界在感知上重新变得合理了，你的身体也就平静下来了。不过，当你的身体不平静时，不确定性导致的压力会极大地缩小一

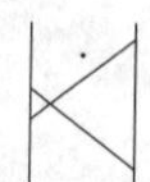

个人的可能性空间，以便最大限度地提高效率，使身体反应变得敏锐起来。

严格地说，晕船并不属于情绪，但是这个例子可以说明情绪的普遍工作方式，因此非常有用。首先，当你受到某件或大或小的事情困扰时，你有了一项实际任务……那就是思考没有得到满足的观念是什么。不管是职业问题还是个人问题，这种事后考察都很有价值，因为它迫使你寻找指导个人行为的看不见的观念。当你看到这种观念时，你就有了选择的可能性。

这意味着要想真正发现你的观念并将其替换或者扩展成新观念，你必须不断主动走向具有情绪挑战性的地方，去体验不同。当我们说出“挑战”一词时，我们指的是某种经历或环境与我们的观念（预期）不符。不过，在这里，情绪挑战其实是一件好事，因为积极寻找对比是驱动变化（以及大脑）的引擎。因此，对于大脑来说，经历的多样性是一种转变性力量，因为新人和新环境不仅可以让我们看到自己的观念，而且可以用新观念扩展我们的可能性空间。要想体验对比差异，一种非常有用的方式就是旅行。

近年来，越来越多的研究考察了旅行的开放性对于创造性和大脑的影响。第5章提到的研究着装认知的亚当·加林斯基及其几位同事是这一全新研究领域的先驱。在2010年发表的一份研究报告中，加林斯基、威廉·马达克斯（William Maddux）和哈乔·亚当发现，国外生活经历与创造性智慧的提高之间存在紧密的联系。这项实验是在法国面向法国大学生进行的，实验参与者之前都曾在其他

国家生活过。在实验中，他们以两种不同方式在两种不同场景下对参与者进行了启动：他们让参与者进行了一项触发某种精神状态的活动。接着，他们让参与者执行相同的任务。在第一个小组中，参与者需要写出他们“在不同文化中了解到某种新事物”的经历。在第二个小组中，参与者需要写出他们“了解到自身文化之中某种新事物”的经历。在启动任务结束后，两个小组的参与者都需要参加一项拼词测试，这个测试和你之前做过的字母序列练习类似。结果如何？在启动任务中体验了国外多元文化经历的参与者明显更具创造性。换句话说，在关注他们在另一个国家获得的感知历史时，他们的可能性空间具有了更高维度（同时也变得更加复杂，本书稍后还会谈论这一点）。国外生活使他们发现了构造自己过往感知的许多观念，因此他们不像以前那样局限于自己的倾向了。而且，他们看到这类僵化观念的能力也得到了提高。不过，当我们看到自身的倾向时，我们的行动取决于每个人偏离常规的意愿以及他们所在的或他们创造的生态系统，后者更具基础性和重要性。

我发现，大体来说，人们对于海外生活通常具有两种反应。一种反应是成为更加极端的自己（成为典型的“外国人”，抗拒异国文化对于本国文化的“偏离”）。这种人的原始观念变得更加稳定，因为他们在与另一个文化的不同观念进行对比。大量心理学证据表明，当人们处于具有不确定性的新环境时，他们常常会成为更加极端的自己。[67] 极具讽刺意义的是（当然，大脑中充满了这种讽刺），当你用越来越多的合理观点向人们说明他们的观念存在错误时，他们会更加坚持自己的观点，这种观点会迅速从知识上升为信仰。我们在

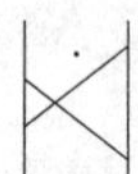

当前的气候变化“辩论”中见证了这一点。注意，英国广播公司和其他著名新闻机构必须为辩论双方提供相等的时间，但这并不意味着双方的观点拥有相同的支持率。

对于海外生活，另一个更加明智的常见反应是接纳另一种文化之中的（思想积极的、具有建设性的）观念。这种人的可能性空间将会具有更高维度；根据定义，其自由度也会提高（即在数学和比喻意义上更具多样性）。感受他人的不同为我带来了极大的积极效果和极大的快乐。我在伦敦大学学院的一个研究生来自以色列；我有幸结识的许多朋友也来自这个国家（还有来自苏格兰、英格兰、智利、美国等国家和地区的朋友）。这个研究生在22岁以前一直在以色列生活，但她从未与巴勒斯坦人进行过深入交往。对于像我这样对于其他地区只了解肤浅信息的局外人来说，这是一件令人难以置信的事情，但这的确是事实。当她搬到伦敦时，她（当然）需要住宿。巧合的是，她所居住的公寓位于伦敦市区巴勒斯坦人密度很高的一个区域。在伦敦的生活使她了解了在以色列随处可见的巴勒斯坦群体的观念。因此，当她回国时，她对“家园”进行了重新定义，开始以不同方式看待以色列及其人民，并且开始以不同方式看待自己，这一点也许更加重要。所以，对于任何希望鼓励创新的大都市来说，多元文化都是一种积极属性，在某种情况下甚至是一种必要属性（因为重要的不只是多样性，还有多样性所在的创新生态……我们稍后还会讨论这一点）。事实证明，暴露在多元生存方式中的经历不仅可以提高同理心，而且可以提高创造性。[68]

在亚当·加林斯基及其同事的另一份研究报告《时尚与异国才

能》(*Fashion with a Foreign Flair*) 中，他们公布了更加重要的发现，因为他们离开了实验室，研究了与职业时尚界的成功有关的创造性。他们研究了世界著名服装设计公司 22 季（11 年）的产品系列，发现他们可以“用创意总监的国外职业经历预测其产品系列的创造性等级”。[69] 是的，如果公司领导者不仅在国外生活过，而且在国外工作过，那么他们会更具创造性，这种创造性会渗透到整个公司的文化之中。一位主人可以决定一场派对的氛围，承担领导责任的公司领导者也是如此。可以说，如果工作场所至少有一些人在国外生活过，那么从原则上说，这家企业整体上会变得更加强大。公司内部领导者的国外经历是最有影响的；不过，在任何层面上，观念的弹性越大越好……这不仅适用于大脑任务，也适用于人际关系。《人格与社会心理学期刊》(*Journal of Personality and Social Psychology*) 2013 年的一篇纵向研究报告指出，“在路上”的时候，人们往往会变得更加开放随和，不那么神经质。自然，当我们更加开放时，我们更容易发现那些塑造个人感知的观念。所以……

做一个外国人。站在陌生土地上的外来人可以获得新的大脑。这使他们更容易看到需要质疑的观念并且主动对其进行质疑。

不过，这种游历生活方式的好处存在局限性；或者说，生活在国外的专业人士应该追求一个最佳的程度。加林斯基的时尚研究发现，如果一个人进行过多的国际流动或者过于深入地沉浸在与个人所在文化不同的文化环境中，他的创造性会受到抑制。这很可能是因为具有挑战性的环境会使大脑释放压力激素，这种激素会抑制与创造有关的自由流动的感知电模式，促进更加紧迫的“战或逃”反应。前面说过，在玛丽安·戴蒙德的实验中，老鼠被养在复杂程度不同的环境中。环境越复杂，老鼠大脑的连接就越紧密。不过，当环境变得过于复杂时，老鼠大脑的复杂度会出现下降。是否“过量”的判断当然与个人有关。关键是，在国外生活和工作是有益的，但你最好选择那些不需要在文化、语言和经济上从头开始的地方。

不过，不是所有人都有机会通过出国获得发现个人观念的快乐（以及其他快乐），更不要说在国外生活和工作了。这是否意味着我们将落后于拥有这种机会的竞争对手？不。要想通过发现个人观念开启获得新的“未来之过去”的可能性，我们不一定要去地球另一边旅行。如果你愿意询问为什么，国内旅行可以为你的大脑和感知带来同样的益处，不管是在邻州、邻市还是相邻社区。重要的是，你要面对形成鲜明对比的处境和生态，你的情绪要被激发出来，因为

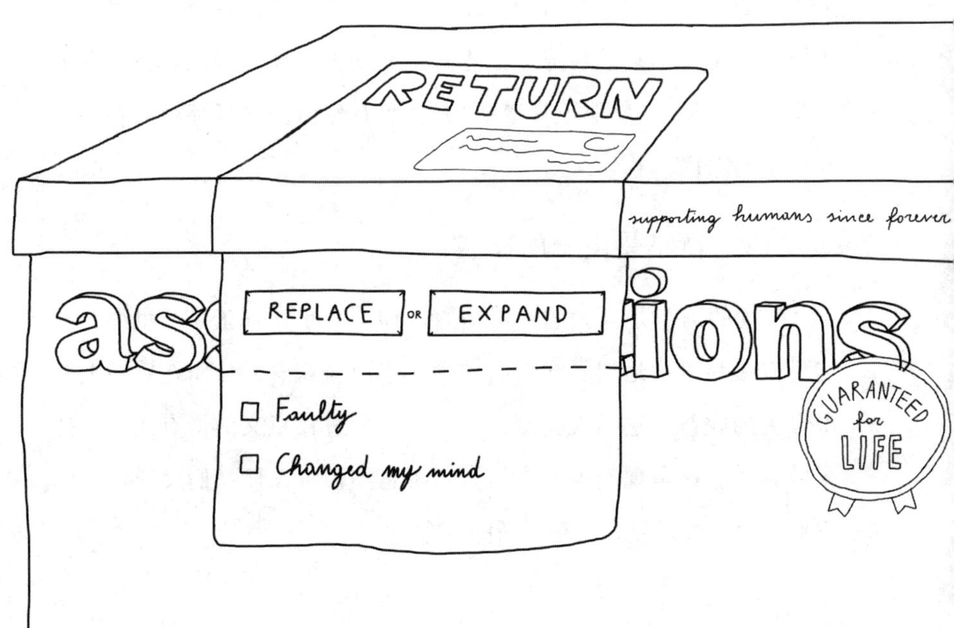

它们会促使你进入陌生的试错环境，使你将其记录在你的神经反应历史之中。此外，你还可以在你的大脑里旅行。

我们已经知道，想象经历与真实经历写入大脑的方式几乎是相同的。所以，专注的幻想可以替代旅行，这也许就是游记类作品如此流行的原因（实际上，任何阅读都是如此，因为书可以带我们进入陌生的世界）。作为我们的代理人或替代者，游记作家揭示个人观念的过程成为了我们自己揭示个人观念的过程。旅行经历常常混乱而艰难，但也常常具有肯定人生的作用。出生在美国的保罗·泰鲁（Paul Theroux）也许是最善于描述旅行经历的作家。

作为一位坚定的冒险家，泰鲁风趣而爱发牢骚。他曾探访西伯利亚铁路，穿越阿富汗，游历陷入国内冲突的阿尔巴尼亚。泰鲁还以动人的笔触谈论了旅行和旅行的意义："对我来说，旅行的愿望是人类的典型特征。人类希望移动，希望满足自己的好奇心或者缓解恐惧，改变生活环境，成为陌生人，交朋友，体验异国风景，在未知世界中冒险。"[70] 他还写道："大多数有价值的旅行都会受到延误和尘土的困扰。"[71]

所以，请享受尘土的侵袭。

阅读的力量是强大的，但是通过伸出双手、真正参与世界，我们可以最为直接地揭示我们的观念，形成新观念，从而在感知上获得最大的收益。这是大脑制造意义、改变过往意义的最有效、最持久的方式。这是现实生活中的试错。它不仅可以使我们发现自己的偏见，而且可以使我们获得新的观念。

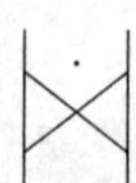

下面是德斯丁·桑德林（Destin Sandlin）的故事。桑德林是亚拉巴马州的导弹工程师，已婚，有两个孩子。他拥有极具感染力的能量以及充满魅力的南方口音。他那张圆圆的脸上几乎总是挂着笑容。他还做过下列事情：在水下用AK-47射击，研究“猫咪跳跃慢动作”的物理学，让一只蜂鸟在他嘴里的鸟食罐里啄食，从世界上毒性最强的鱼类身上抽取毒液，分析口技表演者的嘴唇运动，吃羊脑，以每秒3.2万帧的视频记录文身艺术家的工作。另外，他还以极高的帧数拍摄了上面几乎所有事情，这些视频看上去非常震撼。桑德林为什么要做这些事情呢?

> 这是现实生活中的试错。它不仅可以使我们发现自己的偏见，而且可以使我们获得新的观念。

表面原因是，他有一个很受欢迎的YouTube科学节目《每天更聪明》（*Smarter Every Day*），该节目已经发布了100多集。更加深刻的真实原因是，他是一个本质上愿意带着问题去探索各种生活经历的人，但他显然很谦虚，不会这样说。他将自己的行为归结为好奇心，说他喜欢探究事物的原理，探索事物具有当前状态的原因，研究如何用科学解释看上去最为深奥的事情，比如为什么据说拥有“钢铁肚子”的胡迪尼（Houdini）会因为腹部遭到打击而去世，马桶里的水流在南半球和北半球是否会朝不同方向流动（答案是肯定的）。所有这些只是桑德林众多行动的一部分。实际上，他是在为自己的感知历史添加新的经历，以便不断揭示自己关于周围世界的观念。他看到了不是指向普通经历，而是指向（有思想的、具有启发性的）个人独特经历的人生。在这个过程中，他改变了大脑未来的可能性。

在《逆向大脑自行车》（The Backwards Brain Cycle）一集中，桑德林所在公司的电焊工特别设计了一辆自行车。当他将车把手向左转时，自行车会向右转，反之亦然。桑德林的第一个观念很快得到了揭示：他认为他可以毫无困难地使用这辆自行车。只要通过理智将相反的想法迅速添加到处理运动的神经回路之中，他就可以骑行了。遗憾的是，这不太奏效。他挑战了这种观念，将他的质疑转成了现实生活中的亲身经历。他每天用 5 分钟时间骑自行车。8 个月后，他学会了控制这辆自行车。（他的小儿子只用了两个星期，因为他那年轻的大脑具有神经可塑性，能够比成年人更快地吸收反馈（即经历和试错）。）桑德林的工作令我特别欣赏的地方在于，他也信奉"实践（从而成为）你所谈论的事情"这一准则。因此，桑德林带着这辆自行车前往世界各地进行演讲，即使演讲地点远在澳大利亚。他几乎每次都会遇到喜欢逞强的人，这些人主动要求在台上骑自行车……然后摔倒在地。通过这种方式，桑德林的生存方式和可能性空间改变了其他人。通过分享他所实践的揭示观念的问题并让人们亲自参与，他改变了他们的大脑和感知。他为他们提供了新的潜在反射式反应。

桑德林的逆向大脑回路实验挑战了一个被他训练成神经肌肉细胞"本能"，因而失去可见性的偏见：车把向左转，我就会向左转，车把向右转，我就会向右转。这是一个根深蒂固的观念，是可能存在的吸引子状态中的一种，是一道势不可挡的波浪；只有经过大量耗时的努力，桑德林的意识知觉才能解除这种观念。它是"身体观念"，但它完全取决于神经电网络，因为世界上并没有规定自行车操纵方式的法律（不管这件事多么直观）。他发现了过去的经历使他获得的反射弧及其施加给他的行为限制。此外，他还可以实践新观念：在《大脑自行车》(Brain Bicycle) 一集奇怪而又令人刺激的结尾，桑德林在 8 个月的时间里第一次重新骑上了“正常”自行车。或者说，他试图恢复之前的状态。

桑德林在世界上对自行车骑行者最友好的城市之一阿姆斯特丹进行了这次表演，围观者显然对于这个似乎没有骑过自行车的人感到困惑。当然，一开始，他的大脑很难将电流从刚刚获得的骑自行车的神经电吸引子状态转换到之前更加常规的反射弧上。不过，他随后做到了这一点。“成功了！”突然再次学会骑行的桑德林说道，尽管他的骑行仍然很不稳定。“成功了！”……这是小幅改变似乎可以导致巨大影响的行为自临界状态的现实体现。桑德林突然在大脑中建立了有用的新观念，而这完全是因为他重新发现了旧观念及其意义。我不知道经过更多时间和努力，这种新观念能否与最初看上去与之矛盾的观念共存，他能否成为同时骑行两种自行车的“双面手”。答案很可能是肯定的，他很可能会在他的感知网络中建立更多维度（以及看似矛盾但却同时存在的观念）。

如果桑德林没有强迫自己亲自参与世界，看到塑造个人感知的看不见的力量，那么他永远无法训练他的大脑从 A 走到 B……即熟练地进行这些“双向”感知。他的行动使他能够挑战观念……就像我们在前一章通过考察伟大思想“诞生”方式学到的那样……然后通过经验和试错的内在反馈来实践新观念。在这个过程中，他为自己创造的新经历为他和他的大脑开启了令人鼓舞的全新可能性（以及必要的连接）；这适用于任何愿意承担摔跤风险的人。

在桑德林发现观念、创造新观念，从而扩展可能性空间的过程中，他的自行车起到了关键作用。新技术常常是偏离常规过程的关键。我所说的“技术”不是指最新的应用程序或设备（但我也没有将其排除在外）。大多数技术可以使我们已经掌握的事情变得更加方便、迅速、高效，这当然很有用。不过，在我看来，最好的技术是那些使我们意识到之前看不见的观念并且改变和扩展这些观念，从而改变我们个人和集体可能性空间的技术。因此，最伟大的创新往往能够向我们展示新的现实，比如显微镜、望远镜、磁共振成像、船帆、定理、思想和问题。最好的技术使不可见的事物变得可见。

> 最好的技术使不可见的事物变得可见。

这种技术可以开启新的理解，转变我们关于世界和我们自身的想法。它们不仅可以挑战我们已经相信的事情，而且使我们有机会获得更大、更复杂的全新观念集合。它们推动我们从宇宙中心视角进一步转向更加有趣和专注的局外人视角。

这里的感知要点是，如果你希望在你的人生中从A点来到B点（不管这种转变是个人转变还是职业转变），第一项挑战是承认你所做的一切都是基于个人观念的神经反射。所以，我们需要谦虚。虽然没有谦虚就没有变化，但谦虚本身是不够的。当我们承认我们的一切观察和行为基于个人观念时，我们通常仍然不知道为什么我们会做出当前的行为。因此，偏离常规的下一项挑战是发现你的观念。这通常涉及你不熟悉的其他人，这也是群体多样性的力量所在。下一步是积极参与存在鲜明对比的世界，从而使你的观念复杂化，并

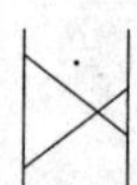

且重新定义常规。德斯丁就是这样做的，佩戴“感知空间”磁性皮带并且提高导航能力的人也是这样做的。

“看到不同”的另一个关键是不要舒适地游走世界。在字面意义以及比喻意义上，在现实或者大脑之中，我们需要感受尘土，进入陌生环境，沉浸在经历之中。这听上去可能像是老生常谈，但它却很有道理……考虑到大部分西方世界奔向健康和安全的速度，这一点值得大声重申。(我们在防范短期风险的道路上跑得太快了，在我们的社会中保持静止已经成了一件相对危险的事情！）在人生的旅途上，不要走到哪里就把你的观念带到哪里。把它们留在肯尼迪国际机场或者希思罗机场 5 号航站楼的电梯里。不管你走到哪儿，你都应该购买生活用品，用当地语言问路，搭乘陌生的运输系统，试着记住如何回到旅馆，而不是不停地参考谷歌地图。在所有这些经历中，倾听你的情绪，以便了解你是否走得足够远。只有这样，你才能发现一站式奢侈旅行从你身上抢走的意外情况和另类风景。只有这样，你才能意识到你关于事物的“知识”可能是错误的，从而在你身上发现不可见的事物。通过对现实世界的参与以及你的幻想能力，寻找更具一般性的新观念。这样一来，你会更容易战胜过往经历带来的偏见，从而改变未来反射性反应的概率。这就是树立更好的新观念、通过“旅行”获得新感知的方法。简而言之，你应该做的是**扩张**，而不是转换。

不过，当你发现个人观念时，试验新观念并不是一个容易的过程。而且，我们自身的进化常常会使我们远离这一过程。我们的大脑希望回避这一过程，即使其结果对我们有利。这引出了创造的第二大挑战：**我们惧怕黑暗**。

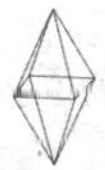

第9章 赞美怀疑

黑暗。很少有比它更让我们害怕的事情。它所制造的恐惧在我们的人生中不断出现：父母关灯以后卧室里活生生的黑暗；我们倾听鬼故事时篝火以外影影绰绰的黑暗；我们走过森林中树木之间深邃的阴影时古老的黑暗；我们迈进自家房门并且不知道里面是否有人时令人颤抖的黑暗。

黑暗是伴随人类存在的基本恐惧，因为它包含了我们大脑中携带的所有恐惧——真实和想象的恐惧、来自现实生活和虚拟故事的恐惧、来自文化的恐惧、来自童话的恐惧。我们越是待在黑暗之中，我们需要担心的事情就越多：怀有敌意的动物、令人伤筋断骨的坠物、嗜血的尖锐物体；抢劫犯、强奸犯、杀人犯；现实中不存在但同样令人胆寒的想象中的事物——恶魔、神秘的野兽、吃人的亡灵。黑暗是未知的体现，而最让我们害怕的事情就是不知道可见空间以

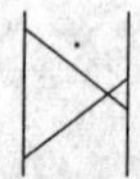

外栖息着什么。我们不知道我们是否安全，不知道我们会感受到痛苦还是快乐，不知道我们会活着还是死去。我们的心怦怦直跳。我们的眼睛飞快地扫视，我们的肾上腺素大量分泌。未知困扰着人类。要想理解为什么会这样，我们必须回到过去，考察这种恐惧是如何使我们成为今天这个样子的，它又是如何帮助我们生存的。这是我们进化意义上的过去，它可以解释为什么我们常常无法发挥创造性，即使我们知道创造过程多么简单。它还可以解释为什么询问“为什么”以及去除糟糕的观念如此艰难。

想象近两百万年前的地球，尤其是非洲东部危险莫测的广阔区域，那是我们所有人的起源之地。巨大的地壳构造变化使这片曾经遍布森林的平坦地区变成了由山峰和山谷、湖盆和高原组成的干旱崎岖之地。在这片崎岖的世界里，食物、水源以及制造工具的材料等资源稀少而分散。在这里，我们的远祖走出了森林，并在这个过程中学会了直立行走，所以他们才没有像之前其他类似物种那样从地球上消失。在这个严酷的环境中，有许多不同种类的人科动物在竞争和进化，勇敢地面对着变化的气候和其他危险动物，包括比今天还要大的河马，和今天几乎一样大的野猪以及长有尖牙的土狼。不过，只有一种人科动物活了下来，那就是人类。

这是我们过去的进化环境，是我们大脑和感知的进化背景。此时，法律和秩序还远远没有在地球上出现。这是一个极其不稳定的地方，我们关于避难、觅食和疗伤的知识非常有限。人类还没有像今天这样成为“地球的主人”（尽管细菌和蟑螂等生命系统才是真正的“主人”，它们将在我们消失以后长时间存在于地球上）。简单的

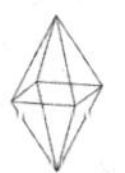

疾病就可以致命，因为人类没有药物，甚至没有想过使用药物的可能性。世界是一个充满敌意、变幻莫测的地方，充满了不确定性，未来笼罩在“黑暗”之中。在这种背景下，无法预测是一件非常糟糕的事情，预测则是一件很好的事情。如果你没能预测出附近哪里可能有水源，如果你无法预测哪些植物可以吃以及哪些不可以吃，如果你无法预测出远处的阴影是随时可以将你吃掉的猛兽……你就没有然后了。确定性意味着生存。不确定性意味着死亡。如果你“不知道”，你就会死去。

> 如果你“不知道”，你就会死去。

在整个进化过程中，维持生存比死亡要难。事实上，死亡的方式多于生存的方式。当你坐在群体里时，当你身处避难所、受到保护时，当眼前的一切都可以预测时，你最不容易想到的事情就是“嗯，我想知道那座山的背面有什么”。真是糟糕的想法！显然，死亡的可能性突然大幅提高了。不过，适用于个体的事情不一定适用于群体或物种。由于这个“疯狂”的个体，群体可以更好地在不断变化的环境中生存——因为他们可以了解那座山的背面有什么危险或好处，甚至可以发现之前不知道的新的可能性空间。感谢上帝，我们之中存在这种看似不理智的人……偏离常规的人（这种“看似”是相对于正常人而言的……后者是普通人。根据定义，这些人不是偏离常规的人）。

鱼类也一样。在鱼群中，脱离大部队寻找食物的个体通常也是最先被吃掉的个体。最终，它们为整个群体带来了利益，尽管它们在这个过程中牺牲了自己。在我们这个不断变化的世界里，对于一

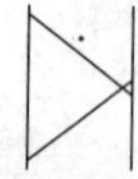

个群体来说，具有多样性（分工齐全）是非常重要的。我们对于人工进化生命系统的研究表明，多样性较强的群体更容易发现最优解决方案。而且，同明确的环境（刺激与回报之间具有一对一关系）相比，当它们在不确定环境（刺激和回报之间具有一对多关系）中进化时，它们更容易表现出“背景性”行为（即条件性行为）。它们的神经过程也更加复杂。例如，当光线刺激不明确时，这些生物在人工“视网膜”上进化出了许多感受器，这是色彩视觉的必要条件。这些发现印证了“背景性行为和过程来自不确定性”的观点。

可以说，克服不确定性以及根据看似无用的数据进行有用的预测是人类大脑以及其他所有动物的大脑在进化中所要解决的基本任务……这就是为什么存在于不确定之中是我们的大脑在进化中所要避免的事情。整体而言，生命系统讨厌不确定性。所以，对于黑暗的恐惧不仅存在于人类之中，而且存在于所有猿类物种之中，因为它使我们变得极其容易受到伤害。[72] 这里所说的不只是我们试图躲避的字面意义上的黑暗，还有我们进入字面意义和比喻意义上的充满不确定性的黑暗之中时感受到的恐惧。相比之下，老鼠惧怕的不是黑暗，而是光线（尽管这源自相同的感知原则）。作为夜行动物，它们在黑暗中感受到的确定性更多，威胁更少，因为它们在黑暗中不会被其他动物看到。[73] 对它们来说，具有不确定性的是光线，而不是黑暗。多么神奇！所以，所有生命系统（在个体和集体层面上）都发展和掌握了属于自己的“黑暗”，以及对于这种不确定性深刻而积极的抗拒，正如每个生命系统都进化出了应对无法避免的不确定性的生理反应。这些反应来自本能和身体，它们证明了对于我们的感知及其限制自然创造性的能力来说，大脑和身体在很大程度上是一体的。

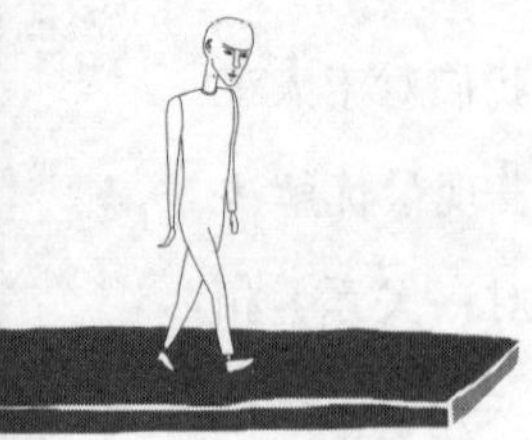

面对不确定性的恐惧，我们的大脑进化出了两种整体策略。其中的一种策略是愤怒。你是否见过一位愤怒的旅行者在机场冲着不幸的登机门服务员大喊大叫？通常，他们之所以这样做，是因为他们在应对旅行的内在不确定性；他们在应对这种局面时没有表现出太多的创新思维或同情心，因为他们的大脑进入了一种阻止他们这样做的状态。从某种意义上说，愤怒对于感知的影响是对源自不确定性的恐惧的治疗。[74] 愤怒往往使我们感到我们所感知到的事实完全是合理的，这是一种非常有力的确定性感知幻觉。当你发怒时，你身体里的剧烈生理变化支持了这个过程。你的肌肉变得紧张。你的大脑释放出被称为“儿茶酚胺”的神经递质化学物质，它可以引发愤怒时常见的立即采取保护行动的欲望。你的心跳加速，你的血压上升，你的呼吸频率也在上升。你的注意力集中在你的愤怒目标上。你几乎无法注意到其他事情。发怒的人常常会在刺激结束很久以后继续对其进行回味，在想象中重新创造出“刺激－反应”序列，进一步强化因果性神经连接（回忆想象对于大脑活动的影响力）。接着，你的大脑会释放出更多神经递质和激素（包括肾上腺素和去甲肾上腺素），引发持续的斗争唤醒状态。有趣而具有讽刺意义的是，一个人越聪明、创造性越强，你就越难说服他摆脱愤怒反应，因为他更加善于在没有因果性的关系中找到看似有意义的联系，并且更加善于创造出支持错误观点的具有内在一致性的论述，从而保护自己远离无知的不确定性。不过，虽然这种“自然”反应在某些生死攸关的背景下具有巨大的优势，但它真的是所有背景下的最佳反应吗？

大脑在进化层面上提高确定性的基本驱动力为我们提供了审视前面讨论的另类实验室能力研究的新框架。在这个实验中，我们将受试者启动成了低能状态和高能状态（以及一个用于对照的中间状态），这影响了他们的感知。例如，同高能状态组相比，低能状态组的色彩错觉更加强烈。他们更容易受到背景的影响；从某种意义上说，他们更容易上当。不过，这种感知现象来自他们提高确定性和能力的努力。低能受试者在感知错觉时更加敏锐的警惕性说明他们讨厌不确定性的生理状态。年轻人对于错觉的感知也很强烈，因为儿童和青少年处于一种持续的低能状态，非常在意这种不确定性的缺失导致的结果（尽管当孩子在公共场所不受控制地爆发时，他们的父母很可能会证明自己的无力感；发脾气也是控制的一种表现形式）。在“实验室”之外，如果人们不知道如何寻找驱动我们并且限制我们可能性空间的确定性，他们可能会得到悲惨的结果。不过，这也解释了自我破坏行为的原因，尽管它们在感觉上可能是“合理的”。不信你问唐娜·菲拉托（Donna Ferrato）。

菲拉托女士有着见多识广、具有穿透力的目光。作为一位无所畏惧的摄影师，她所拍摄的家庭暴力照片使这一问题在 20 世纪 80 年代进入了公众视野。她近距离观察并且捕捉到了人性的阴暗面。她的著作《与敌共处》（*Living with the Enemy*）描述了在最亲密的关系中遭受困扰的女性，给人留下了深刻印象。她的在线多媒体节目《我是无敌的》探索了通往新生活的旅程，观察了逃离虐待环境的女性。不过，这一过程并不简单，一些女性经过许多年的时间才在持续暴力的确定性和离开的不确定性之中选择了后者。这种趋势体现

了对于个人感知的无知可能把我们盲目推向多么奇怪的极端。它还解释了著名谚语“你所知道的魔鬼比你不知道的魔鬼要好”（better the devil you know than the devil you don't）。

减少不确定性的驱动力支撑着我们的许多行为、感觉、观察、经历、选择和爱。由于这一原因，我们甚至更喜欢经历痛苦而不是不确定性。伦敦大学学院科学家最近的一份研究报告显示，不确定性程度越高，参与者体验到的压力就越大。这份报告首席作者阿奇·德·贝尔克（Archy de Berker）表示：“事实证明，不知道你会触电比知道你一定会或一定不会触电糟糕得多。”简而言之，同知道某件糟糕的事情相比，无知会给系统带来更大的压力。因此，对于他人不确定感受程度的控制可以被政府用作一种控制手段，甚至可以用于人际关系之中。

这也许解释了为什么双向性信息披露（透明形式的一种）可以提高人际关系中的亲密感（以及更加一般的感知关系满足感）。它也解释了为什么以降低不确定性为业务的公司非常赚钱。正像富于洞察力的营销大师罗里·萨瑟兰（Rory Sutherland）向我指出的那样，优步取得成功的主要原因不是它颠覆了出租车行业（这是大多数人的看法），而是我们需要明确知道出租车在哪里以及什么时候能够抵达这里，这与我们自己关于不确定性的研究相一致。有了这种视角，当你环顾四周时，你会注意到类似的例子。正像罗里·萨瑟兰指出的那样，当伦敦交通运输系统用电子屏幕告诉人们下一班公交车什么时候抵达时，伦敦公交车候车亭里的压力得到了极大的缓解。即使等待时间很长，这种经历在情绪上也会变得更加容易忍受，因为人们知道等待时间很长。类似地，希思罗机场5号航站楼的设计者在希思罗快线平台的电梯里加装了一个"上升"按钮，尽管这部电梯只能前往一个方向和一个楼层！如果没有这个按钮，当人们进入电梯时，他们找不到任何按钮，因此会感到惊慌。这个设计的美妙之处在于，塑料按钮实际上只与灯泡相连。所以，当未来的旅行者按下按钮时，这个动作只会使按钮变亮（接着，电梯会按照预定程序移动）。这个例子也表明了我们对于不确定性的恐惧与控制力之间深刻的逆向关系。当你感到你拥有控制力时（这可能是错觉），你的不确定感就会下降。基于这种深刻神经生物需求的设计对于相关公司的健康运转和成功具有极大的影响。所以，当我们在另类实验室的框架下为他人设计体验时，这是指导我们的设计思想的一个基本原则。

因此，对于确定性的欲望显然会在个人和职业层面上影响我们的可能性空间、感知和生活。通常，这种需求会拯救我们。不过，它也会危害我们。因此，可能被我们视作有意识的自我与我们的自动自我之间会产生持续的冲突。为了克服这种推动我们寻找确定性（有时不惜一切代价）的本能反应，我们必须用有意识自我领导自己，向自己讲述新的故事；通过持续讲述，这个故事将会改变我们未来的过去，甚至改变我们的生理反应。我们必须创造出赞美怀疑的内部和外部生态系统！

> "赞美怀疑！"

这意味着偏离常规和"看到不同"最大的障碍不是我们的环境，

不是我们的智力，甚至（具有讽刺意义的是）不是获得神秘灵感时刻的挑战。相反，它是人类感知本身的性质，尤其是对于“知道”的感知需求。不过，感知的机制也是我们解锁强有力的新感知和偏离方式的过程，这是一个深深的悖论。这意味着生成感知的机制是创造的障碍……创造感知的过程是创造的助推器。通过基于神经科学的、对于个人感知的内部参与，你将有机会揭示通过其他方式可能无法了解的个人思想和行为中的可能性。是的，我们的首要目标是维持生存。不过，长期维持生存需要的不仅仅是对于当下做出反应。它需要适应，因为在大自然中，最成功的系统也是最具适应性的系统。此外，我们希望在各种意义上繁荣发展。要想实现这一点，我们需要在感知上冒险，这要求我们偏离常规。把这件事做好是很难的。它需要坚定的投入，因为我们面对的不仅仅是我们自己。

人类根据提供确定性的机构来构造社会，包括法院、政府、警局、我们的教育系统（这一点是最可悲的，包括大学层面）及其程序。在政治上，“U形转弯”或者“突然反转”的观念总是得到负面描述。想一想，这是多么愚蠢。我们是否真的希望我们的政客（甚至任何人）在面对相反证据（有时是压倒性证据）时，尤其是知道昨天的真理今天不一定成立时坚持他们所认为的真理？或者，我们是否希望政客（以及更加一般的领导）具有灵活思维，和产生思想的大脑一样具有实用可塑性？

宗教也为我们降低了不确定性，这也是几十亿人如此热情地珍视他们不可置疑的信仰观念的一个主要原因（还有其他原因）。英国广播公司2014年的一篇报道指出，在非常稳定的国家，无神论者的

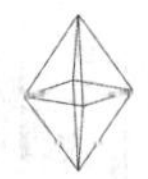

比例很高，自然生活环境更容易出现灾难的地方通常拥有“教化之神”。[75]这种安全性的不利之处在于，宗教观念替代了你自己的观念，并且规定你不能质疑这些观念，以此作为一种表面上的信仰。当然，我们大脑之中拥有神经活动吸引子状态的动量，它是过往意义的惯性力，可以将我们推向难以抗拒的反射性感知。

不过，为了在不确定之中进行创新而接纳不确定性是可能的……实际上，这很重要。不舒服和其他不适感其实是友好的状态。它们是栖身之所，是允许感知探索的地方。它们就像拥挤的异国市场，里面的商贩向你叫嚷着你听不懂的语言。如果你能鼓起怀疑的勇气，说出“好吧，我不知道”，你的可能性空间中的限制性轴线就会突然消失，你就可以自由地构造出一个充满新思想的全新空间。用怀疑对待冲突不仅是可能的，而且是理想的。你已经知道了感知的原理，所以你可以认识到，你之所以能够以某种方式行动和思考，不是因为这表达了你最具创造性、最聪明的自己，而是因为这来自你对于确定性的身体需要。

那么，我们如何确保自己在实践中参与创造性冲突呢？最重要的是，我们必须以不同的方式倾听……即主动观察。我们必须怀着“冲突是真正的机遇”的想法倾听，而不是仅仅为了帮助我们更好地保护自己而倾听。这里的“冲突”具有一般意义，即与一个人的

预期、希望或愿望不匹配的情况，比如小时候第一次见到重力冲突，或者在随后的人生中遇到与个人观点不同的观点。最重要的学习空间存在于正确生态系统的冲突之中。在人际关系中，这种生态系统要求双方放弃对抗式对话的想法……“我是正确的，下面是原因”(这有时是一个重要立场，但是这种情况远远没有我们想象的那么多)。

想象一下，使用这种模式的政府……或者更加一般的人际关系……会变成什么样子。想象一下，如果一个人用谦虚而不是自满的态度对待差异……用问题而不是答案进入冲突……用“了解这种差异可能如何改变我的感知和未来的过去”的意图处理问题，他会创造性地构造出什么事物。这种方法不仅可以成为揭示你自己的观念以及他人观念的重要途径，而且可以改变你未来的过去，从而改变你处理未来冲突的方式。这是一种极为和平和开放的斗争处理方式，但它并不是高尚。它是有成效的自私，因为你在寻找最佳方案，以便为你的人生带来更多理解，从人生不可避免的冲突中建立更多关系。

这就是为什么冲突既是爱的一部分，也是身体爱抚的一部分，尽管对于大多数人来说，它远远没有那么愉快。同拥抱、亲吻、交欢和其他触摸（它们也需要主动倾听，以便使你获得有意义的感知）不同，冲突的情绪接触常常会使一对夫妇分裂，而不是将他们团结起来，因为它常常导致上面描述的愤怒轴线：吵架以及更糟糕的事情。从日常勤务和家务劳动等琐事到生存方式、忠贞和基本世界观等更加重要的事务，一切事情导致的紧张都会将冲突作为出口。不过，我们大多数人都知道，如果我们不能时刻认识到对方的感知以及自己的感知的工作原理，任何事情在冲突中都会变成大事；最微不足道的报怨可以引发最严重的争吵，从恐惧到愤怒的混乱轴线会成为我们对于自己以及（尤其是）他人的感知指导。这是因为，冲突的根源常常是你自己的观念没有得到满足，而这引发的情绪也许不会满足对方的预期，从而引发更多情绪，依此类推。换句话说，一段关系中的两个人永远不会拥有相同的过去，永远不会拥有相同的大脑，因此永远不会拥有在相同的位置上分布着相同思想的相同的可能性空间。大多数人很少质疑个人预期或者（对自己来说非常理想的）个人表现的合理性。不过，如果两个人找到（字面意义上的）“更高层次的”存在状态和相爱状态，意识到当他们对个人可能性空间的维度进行扩展，以便将对方的观念包括在内时，他们可以共同创造出更大、更复杂的空间，使两个人的反应共存而非对立，那么他们就可以解决冲突。不过，这种通过冲突学习的过程需要耐心和关爱；当然，它还需要关于冲突本身的新观念。

约翰·戈特曼（John Gottman）是华盛顿大学心理学家和荣誉教授，他和妻子朱莉·施瓦兹·戈特曼（Julie Schwartz Gottman，也是心理学家）为人际关系研究带来了一场变革。通过在夫妻研究中引入一种科学临床方法，他们开创了收集数据的做法以及一种制造意义的方法，用于发现在人际关系中产生快乐或不快乐的普遍行为模式。这些工作大部分是在他们位于西雅图的“爱情实验室”里进行的。这是一套公寓房间，安装了最先进的设备，可以跟踪志愿者夫妇的生理反应。参与者的任务仅仅是表现出自己的正常状态，以便让科学家对他们进行观察和记录，并且测量心率等身体指标。多

年来，约翰·戈特曼利用研究夫妻交流时收集的数据设计了一个模型，可以以 91% 的准确率预测他们未来是否离婚。这是一种令人不安的确定性。

戈特曼夫妇发现了他们所说的“四骑士”，即四种几乎一定会导致婚姻解体的行为：批评（不是仅仅提出抱怨）、蔑视、防御和无视。[76] 戈特曼夫妇还发现，创造和维持快乐的关系还要更加复杂。我想说，这是因为大多数人……不只是爱情关系中的人，还有其他任何关系中的人……将冲突等同于不具有建设性的活动。我们往往将其看作一种对决；在这种对决中，我们唯一的目标就是摧毁对方的观点，保留我们自己的观点。这里没有任何建设性……没有探索或持有新观念的意识，没有对于“旅行”或新体验的开放性，没有发现需要明确的隐性有害观念的急迫感。没有问题，只有“答案”，这些“答案”通往没有创造性的、缺乏关爱的、没有目的的解构。不过，如果我们带着完全不同的心态进入每一次冲突……用完全不同的观念感知冲突……将其视作发现对方独特性的机会呢？因为理解另一个人（甚至自己）不是了解一个人与其他人的相似之处。喜欢一个人意味着喜欢他的独特性。一个人偏离常规的方式使他成为了独特的自己。正像我和我的伴侣伊莎贝尔喜欢说的那样，重要的是两个人的疯狂是否相容。在进入冲突时有意识地将怀疑作为不断进化的个人感知历史的一部分是很难的，甚至是有风险的，尤其是当冲突中的另一个人不理解感知原则时。因此，除了谦虚，创造还需要勇气，因为你在进入一个你的大脑在进化中一直在回避的空间。

我要如何通过赞美怀疑进入一个被进化历史形容为“非常糟糕”

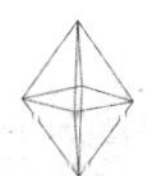

的地方（充满不确定性的阴影之中）呢？我要如何将所有这些新的理解转化成观察方式和存在方式呢？要想偏离常规，质疑我的观念，以便从 A 点移动到 B 点，第一个积极步骤是什么呢？借用我所喜爱的鲍勃·纽沃特（Bob Newhart）某篇旧文中的说法……

停下来

我所使用的是它的字面意义。不是慢下来，而是停下来。

正如第8章所说，要想从A点来到B点，你必须积极参与世界。不过，抵达B点的第一步是离开A点。离开A点意味着进入不确定状态，体验一种缺乏必要的过往意义的刺激。关键是选择将目光远离我们堆积在刺激上的意义。有意识地停止你的反射性反应……就像一个人在看到反射原因时能够做到的那样。有人在街上撞到了你。你的第一个自动反应可能是："该死的家伙！"这是"A"点。不过，请停下来。不要去A点。你应该前往非A点。也许这个人生病了，所以才会撞到我。也许他需要帮助。或者，他可能的确很讨厌。你不需要知道更多。"停下来"使你有机会减少知识，阻止我们一直想要证实的认知偏见所具有的缩小感知范围的力量，在被人击打膝盖时不再将腿弹起，而是接受刺激的无意义性，即使它在感觉上不是无意义的。

在一切顺利的时候，你只有一个选项：接受A的意义。这很明显。你根本不需要选择……除非你认为破坏本身就是一种回报。遗憾的是，一些人的确具有这种想法。不过，对于我们大多数人来说，只有当情况出现冲突时，我们才真正拥有选择机会。你甚至可以说，我们的性格是在冲突中揭示和创造的。在冲突中，一种选项是改变过去不变的做法，不把腿踢出来。踢腿是一种正常的（即普通的）反应。不过，你已经知道了这种行为的原因，所以你有了另一个选项：偏离常规……选择非A点……进入不确定状态。这才是控制力的所在，选择非A点的结果则不是，不管这个点是B点、C点还是Z点。将目光远离显而易见的地方、远离根深蒂固的吸引子状态是很难的。首先，你必须阻止你的第一反应。

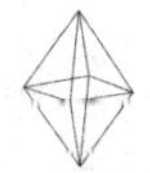

当你开始这样做时，你降低了当前个人观念对于个人感知的影响强度，这就是沉思的本质……是前往非 A 点的机制，其目标是让你“清空头脑”，停止连续不断的（常常是没有成果的）意义流。研究表明，除了有助于缓解杏仁核面对压力时的“战斗或逃跑”反应，沉思还可以帮助人们形成更具同理心的思维（同理心正是将你自己想象成另一个人的创造性过程）以及涉及“神游”的思维模式。哈佛大学 2014 年的一项研究甚至表明，8 个星期的正念课程可以增加参与者大脑中的灰质，这说明冥想本身是一种有助于神经生长的丰富的内环境。[77] 在创造性常常输给“战或逃”反应驱动力的有压力的情形中，“停下来”可以使你的大脑产生另一种化学物质，而不是源自压力的皮质醇。这种化学物质叫作催产素，它与更具同理心、更加慷慨的行为（以及其他行为）之间存在定量的联系。通过慷慨和同理心，我们的倾听变得更具创造性。所以，你可以通过自身的化学反应创造出更好的生活。

停止我们反射的意义之所以如此重要，是因为它是迈向不确定性的第一步。由此，我们可以创造难以预测的新意义，并在这个过程中通过幻觉手段重新创造过往经历的意义，从而改变我们未来的过去，进而改变我们未来的感知。自由意志不是在于前往 A 点，而是在于选择前往非 A 点。自由意志在于改变信息过去的意义，从而改变未来的反应。自由意志需要不确定性框架下的意识、谦虚和勇气。

几年前，我经历了一段持续而特别的人生压力期。其结果是，我的人生出现了一个在情绪上和身体上“发生交通事故”的时刻。我的身体进入了经常患病的状态，包括头痛、自发性麻痹以及大量

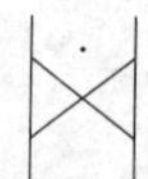

神经症状。对于一名神经科学家来说，这是一种危险的经历，它既迷人又恐怖，因为你知道的很多，同时又一无所知。每一种症状（刺激）都会引发一系列关于疾病的假设观念和随之而来的感知，比如大脑肿瘤和多发性硬化。这样的状态持续了几个星期甚至几个月。最终，我没有得到确诊，尽管我不仅表现出了可以测量的心理症状，而且表现出了可以测量的生理症状，这些症状使我产生了恐慌。这方面的感知和其他任何感知一样真实。我觉得我很快就会死去。这种感觉非常强烈，我甚至叫了救护车。当救护车到来时，它成了从未知进入已知的必要步骤，此时将死的感觉也会消逝。那么，我是怎样恢复过来的呢？我是怎样从A点（感觉糟糕，伴随着阶段性恐慌）抵达B点（感觉到新的“常态”，不管它是什么）的呢？和我之前许许多多的人一样：通过经历感知过程，利用重要的第一步向新的方向移动，意识到我的偏见……带着这种理解，停止在当前方向上移动。我停止了我的推测性担忧。我主动忽略了它们。在这种思想暂停时，新的、更好的想法开始出现。这为我的感知开创了新的历史。

特别地，摆脱焦虑的途径之一……也许不是最佳途径……就是忽略它们。正如著名心理治疗师卡尔·荣格（Carl Jung）所说，问题永远不会得到解决；我们只会改变我们看待问题的视角。在这里，视角的改变意味着完全不去关注问题。不去试图找到问题的原因，因为这样做会强化问题的意义，使随后的焦虑变得更加强烈。位于A点（“知道”出了问题）比位于非A点（意识到我在经历无用的幻觉）更加容易。将目光移开是很难的；正像研究显示的那样，所有人都会从很小的时候起经历这种挑战。

当我的二儿子西奥还是婴儿的时候，一天，在我们位于伦敦斯托克纽因顿的房子里，西奥正坐在餐桌前的弹椅上。他非常快乐，因为他的前面挂着四个对比鲜明的软玩具，这些玩具刚好无法被他够到。每次他在椅子上弹起来的时候，玩具都会相应地弹起。一开始，你会觉得这是一种永远不会结束的游戏。当我在附近做饭时，他满面笑容，甚至笑出了声。不过，随后的事情发生了变化。他哭了起来（这并不十分奇怪，因为啼哭是婴儿的家常便饭）。所以，我做了显而易见的事情，让玩具再次移动起来。这立刻吸引了他的注意力，但他仍然在哭泣。

这件事很悲伤，但它……也很迷人。我很快观察到（是的，当他哭泣时，我在观察他，但他的哭泣还没有达到绝望的程度！……这是拥有感知神经科学家父亲的众多代价之一），当他的目光离开玩具时，他的哭泣会减缓或停止。不过，接下来，就像被磁铁吸引一样，他的目光又会重新集中到中间的玩具上，此时他会再次哭泣起来。接着，他会试图再次转移注意力，并在这个过程中停止哭泣，然后将目光再次转回到中间的玩具上，并且再次哭起来。考虑到所有这些现象，我想，他的哭泣似乎来自沮丧。不过，他为什么沮丧？

因为玩具对他的控制力超过了他对自己的控制力。

我意识到，西奥不再希望看到玩具了，但他还是情不自禁地往这边看。这很特别。他无法停止这种反应。他希望移动到非A点，但他没有能力转移注意力，因此感到沮丧。所以，在对这种行为观

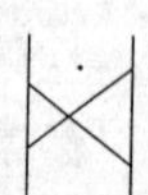

察了三个小时以后，我最终取走了玩具，然后他就没事了。(开玩笑的：我很快就取走了玩具。)

我对孩子进行的这项小小的个人实验可以告诉我们什么？我们对于注意力仍然知之甚少（对于神经科学家来说，这是一个方便的万能借口），但是注意力的力量似乎不在于观察，而是在于停止观察的能力……看向别处，将目光移向不太明显的地方，停止思想和感知的循环。这是因为，我们的注意力会自然地被那些在过去对我们很重要的事物吸引，不管是对比鲜明的简单物体（适用于发展中的、不成熟的视觉系统，这种系统类似于昆虫的视觉脑），还是与痛苦或快乐相关的刺激。

如果你在毫无准备的人旁边拍手，他们就会立即将注意力转移到你的眼睛上。在派对上，如果你站在和别人谈话的朋友旁边，然后故意和你的交谈对象谈论你的朋友，并且将他们的名字大声说出来，你的朋友就会迅速加入你们的谈话，即使你不再谈论他们或者走开。原因很简单，那就是他们无法将当前的谈话继续下去。我们曾在公路上滞留几千个小时，不是因为我们所在车道上的事故阻碍了交通，而是因为反方向的事故吸引了我们这边司机的（病态的）注意力。这种“停下来”的力量来自大脑的额叶皮层。注意力的关键不是向前看，不是将你的目光指向合理的地方……指向在统计上和历史上最有意义的事物，就像西奥那样。相反，注意力的力量在于将目光远离“显而易见的事物”，指向不太明显的地方。注意力的力量在于偏离常规，在于坚定地挑战你的大脑，在需要时产生由额叶皮层驱动的停止抑制作用。

在这方面以及其他几乎所有方面，我们和其他动物非常相似，尽管许多人可能不愿意相信这一点。仅仅拥有100万个大脑细胞的蜜蜂可以看到我们看到的许多错觉（并以我们最精密的计算机无法实现的方式进行观察）。鸟类可以用抽象概念进行思考，一些灵长类动物在面对不公平时会感到沮丧。注意力的方向也是如此：一些动物会被闪亮的物体吸引；类似地，我们也会本能地关注闪亮的事物（即在物理上和概念上存在强烈对比的事物）。我们的眼球移动具有系统性，眼球随机移动的情况是很少的。我们观察平面之间的边界。我们根据情绪状态改变眼球移动，在处于高能状态时更愿意观察前景，在处于低能状态时更愿意观察背景。如果你是女性，你对其他女性或男性的观察方式很可能是不同的（比如观察女性的嘴而不是眼睛）。作为观察世界的窗口，我们的眼球移动会掩饰我们的观念。因此，观察显而易见的事物是一件显而易见的事情，尽管这里的“显而易见”对于我们每个人拥有不同的含义。你的狭窄关注范围可以决定其余信息的意义。

“因此，观察显而易见的事物是一件显而易见的事情，尽管这里的“显而易见”对于我们每个人拥有不同的含义。你的狭窄关注范围可以决定其余信息的意义。”

你现在应该已经注意到，除了右下角的钻石，本书左下角还有一个线条图案。现在，我想让你翻动书页。和钻石一样，这些线条似乎拥有两种不同的移动方式。你可以看到两条线以X的形状从左向右移动，然后从右向左移动（叫作“模式运动”），或者看到它们作为两

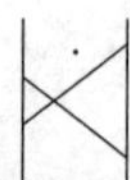

个独立线条毫不相关地上下移动（叫作“成分运动”）。你可能觉得它们在两种运动方式之间随机跳跃。事实并非如此。这完全取决于你的眼睛在看哪里。为了说明这一点，我希望你把目光固定在X的中心，即两条线相交的地方。此时，你会看到从左向右移动的X。不过，如果你将目光固定在一条线的末端，并且跟着它上下移动，你就会看到两条线相互独立地上下移动。你所看到的事物取决于你的观察点。这是因为，虽然整个图象可能拥有两种相等的可能性，但是同一个整体刺激的不同元素则不是这样。可能性空间取决于你的观察点，而不是图像本身的抽象可能性。那么，这说明什么呢？

定义一个人或一群人的基础不是他们做了什么（即他们观察什么），而是他们没做什么（他们没有观察什么）。例如，在大脑中，决定我们行为性质的不仅包括活跃细胞，还包括不活跃细胞，因为重要的是大脑的整体活动模式。因此，和大多数动物不同，我们可以将目光远离显而易见的事物……从A点来到非A点，从而改变我们未来的过去。我们观察事物的行为揭示了我们，我们选择不去观察某些事物的行为创造了我们。

> “我们观察事物的行为揭示了我们，我们选择不去观察某些事物的行为创造了我们。”

偏离常规的过程始于目光的转移，因为不去观察一件事物意味着你的目光必然停留在另一件事物上。对于这“另一件事物”来说，你的控制力要小得多，因为你的大脑现在会进入由新刺激和过往历史共同决定的新的吸引子状态。不过，它至少不会是A点。经过足够的练习，你将更容易看到B点（或者C

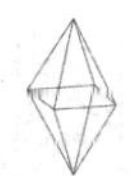

点，或者 Z 点)，而不是反射性地看到 A 点。我们可以推广这个过程：适用于目光导向的原理也适用于思想导向。只要经过练习，你就可以做到这一点。

让我们回到移动线条的动画书上，再做一次实验。这一次，你会注意到，每一页两条线的交叉点上方有一个点。我希望你在翻动书页时将目光固定在这个点上。同时，我希望你将注意力的方向集中在两条线的交点或者一条线与边界的交点上，就像你之前移动目光时所做的那样。这一次，不要移动眼球，而是仅仅移动注意力。注意，根据你关注什么（以及没有关注什么）的方向，线条的移动方向再次发生了变化。我们的目光远离（以及移向）事物的动作会改变我们写入大脑的信息性质以及我们看到的意义。因此，我们可以通过外部目光的远离和内部思想的远离从 A 点转换到非 A 点。通过“停下来”，我们可以改写我们的感知，然后重新开始，站在非 A 点上……我将抵达非 A 点所需要的一切称为“埃柯维”（ecovi)。不过，要想抵达非 A 点，你需要前往大脑在进化中回避的地方……即不确定空间。

第10章 创新生态系统

我们已经看到，对于感知原理的理解开启了观察创造性和创造的更具一般性的全新框架。通过了解我们的大脑为什么进化出了目前的感知方式，我们可以参与改变观察方式的过程。这种方法说明了个体的职责，因为我们每个人都要为积极提问（及其后果）负责。不过，正如我在这本书中一直在强调的那样，没有一个人存在于真空之中。我们创造了我们的生态系统……我们所在的由各种事物及其相互作用组成的环境……同时我们也是由我们的生态系统创造的。因此，要想真正了解如何偏离常规，我们必须了解如何在我们所参与的世界之中对我们的感知进行创新。在这里，我们可以为自己和他人发现一种新的存在方式，构造出一个将我们考察的所有感知原则结合在一起的地方。

在加州大学伯克利分校山谷生命科学楼五层光线昏暗的走廊尽

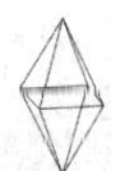

头，有一扇毫无特色的门。看起来，门的另一边几乎不会有什么有趣或令人惊奇的事物：那也许是保洁室，或者装满办公用品的储藏室。实际上，门后面是一片奇怪而具有革命性的空间，由四个相邻房间组成。天花板上吊着支柱和支架网格，连接着电极、电线和泛光灯。计算机、摄像机、工程工具和电路板随处可见。最令人吃惊的是，几乎所有物体的表面上都爬着小型机器人，看上去像是昆虫或爬虫……不是有点像，而是非常像，包括肢体的关节和躯干的肌腱。当我走向一个狭窄的房间，向一个博士生询问是什么把她吸引到这里的时候，她的回答很简单："蟑螂。"

这是生物学家罗伯特·富尔（Robert Full）的多踏板实验室。"踏板"（PEDAL）是"表现"（performance）、"能量学"（energetics）、"动力学"（dynamics）、"动物"（animals）和"移动"（locomotion）的缩写。虽然这五个单词以巧妙而富于极客气息的方式组合在了一起，但是它们并不能全面展现富尔的实验室及其异常古怪、令人震惊的成就。富尔的合作者五花八门，既有大学本科生，又有各个领域的著名专家。科学家和非科学家都对他们的发现感到很兴奋。多踏板实验室解决了壁虎为什么会粘在墙上的千年谜题：它们使用了范德华力。这是一种关于分子间吸引和排斥的极为复杂的规则。他们回答了蟑螂为什么能够以极快的速度翻身并在上下颠倒时也能移动的问题：它们的后腿上长有黏毛，可以粘在平面上，并能让它们快速翻转。他们发现了圆蛛在表面积只占固态平面 90% 的网格表面上有效移动的方式：它们用可折叠棘刺将接触面分散到腿部的不同部位上。实验室提出了一些最伟大、最具洞察力的问题，涉及最难解释

的自然生物力学现象……并且做出了回答。他们的回答不仅很有趣，而且揭示了一个正在发挥作用的强大原则。

富尔的目标不仅仅是解开这些秘密。正像实验室信条声明里面说的那样："我们研究它们（实验室模拟的小动物）不是因为我们喜欢它们。实际上，许多小动物很讨厌，但是它们可以揭示我们无法在人类或者其他单一物种身上找到的大自然的秘密。"富尔的目标是通过机器人领域的进步将这些"结构秘密"应用到人类的工作中，从而在一定程度上对他和他的实验室同事研究的生物特点进行反向设计。他在这方面取得了几乎前所未有的成功，有效地创造出了"生物启发"这一新领域和设计哲学以及"地面动力学"（物体在地表的移动方式，与空气动力学相对应）和"稳健性"（结构如何实现最稳健的形式）等其他子领域。来自该实验室的创新之一是雷克斯，这是一种模仿蟑螂的机器人，同之前的仿生学实验相比，它可以更好地在地表移动。它的所有应用仍然处于探索阶段，但它已经开始改变冲突地区的前线了。美国军队已经将其部署到了阿富汗，他们将雷克斯作为机器人先锋，用于为士兵开路，以减少暴力袭击。

虽然富尔的多踏板实验室取得了大量突破，但他本人却一个谦虚而不起眼的人。他重视合作而不是自我，重视探索而不是声誉。他有着一头柔顺的白发和一副充满魅力的海象式小胡子。他的工作驱动力并不是常见的抱负。他就像一位聪明体贴的老伯，温柔、明智而有经验。多年前，当我在伯克利读本科时，他是我的导师之一，当时我就知道了他的特点。"重要的是好奇心。"富尔说。

在我看来，作为实验室领导人，富尔的工作并不是给出所有答

案……这是领导人曾经的工作。相反，他的工作是提出好问题。因此，作为领导人，富尔的第一项工作是创造关心的意识（通常是通过具有启发性的疑问，此外还有其他途径），因为如果你不关心，你就不会拥有面对不确定性的必要驱动力以及前面讨论过的神经和文化吸引子状态的动量。第二项工作是对于合适的观念（它们常常隐藏在视野之外）询问“为什么”……然后是“怎样”或“假如”……然后是观察……最后是分享……然后一遍遍重复这个过程。他显然对此非常擅长。不过，仅仅提出伟大的颠覆性问题是不够的。伟大的领导者还必须为他人创造出进入不确定状态和繁荣发展的空间，因为他知道，整个系统的成功取决于他所领导的人以及他领导他们迈向不确定性的方式。这就是他选择与那些对于他颠覆常规思想，以便创造新机遇的方式表示欢迎的人合作的原因。（另一方面，如果有人颠覆他自己的思想，他也不会采取防御态度，反而相当欢迎。）他经常让团队停下来。由此，他创造出了一个基于“进化本身为我们提供的不确定性解决方案”的实验室。

这个解决方案是什么？

回答：是一种存在方式，它可以深刻地改变我们的生活方式……它适用于大多数具有创新性和突破性的事物，它是由支撑这本书的五个原则定义的。

I. 赞美不确定性：从收益而不是损失的角度对待“停下来”以及这种停止引出的所有问题。

II. 对于可能性的开放性：鼓励具有多样性的经历，因为它是包括社会变革和进化本身在内的各种变化的引擎。

III. 合作：在群体或系统的多样性中寻找价值和同情，从而扩展其可能性空间，最好是将新手和专家结合起来。

IV. 内在动力：让创造过程成为其自身的回报，以便在面对巨大困难时坚持下来。

V. 有意图的行动：最后，有意识地行动……从“为什么”的角度有意识地参与。

值得注意的是，五条原则是由一个词语定义的——游戏。这里的“游戏”与其说是一种字面意义的活动，不如说是一种态度。它是指在一个人处理问题、情况或冲突的方式中融入游戏性。

牛津自然哲学家和灵长类动物学家伊莎贝尔·贝恩克（Isabel Behncke）是游戏科学专家，重点研究成年动物的游戏，尤其是倭黑猩猩的游戏。她在刚果热带丛林里和倭黑猩猩生活了很长时间，仔细观察了它们的习惯和行为。倭黑猩猩和黑猩猩是现有生物中距离我们最近的亲属。倭黑猩猩有一个不同于黑猩猩的特点：它们的性关系非常混乱（包括雄性－雄性、雌性－雌性、成体－幼体等）。这些适应性特点是有用的：性被用作管理冲突的语言。不过，虽然倭黑猩猩以性滥交著称，但是贝恩克发现，游戏在它们的灵长类社会中更加普遍。

人类和倭黑猩猩非常相似。我们通过游戏学习和参与世界，因为游戏具有支持不确定性的特点。如果你拿掉不确定性，游戏就不再“有趣”了。不过，有趣并不意味着“容易”。玩好游戏是很难的（任何奥运选手都可以证明这一点）。

此外，贝恩克等人指出，同人类和倭黑猩猩等其他物种投入精力和宝贵能量的大多数活动不同，游戏没有事后归因性（事后归因性意味着最重要的是活动产生的结果，而不是活动本身）。事后归因活动包括狩猎（结果：食物）、工作（结果：购买食物和住所的能力）以及约会（结果：性或浪漫）。不过，游戏是一种与众不同的独特追求，因为它具有内在动力。我们做游戏是为了做游戏，正如我们研究科学是为了研究科学。事情就是这么简单而美妙。过程本身就是回报。

游戏的另一个重要特点是，我们常常和其他人共同做游戏，而不是独自游戏。当你和我做游戏时，这件事与你和我的身份存在很大的关系，不管我们是打壁球、打扑克还是性交。不过，我和你做游戏的方式可能与和另一个人做游戏有所不同。如果我在和你做游戏时把你当成另一个人，或者仅仅关注游戏本身，这种做法就会扭曲和限制我们在一起真正可以做的事情。不过，许多受到误导的品牌在和顾客对话时将所有顾客的平均值看成了他们的共同特点，因此他们最终无法和一个顾客进行真正的对话。因此，将人们看作普通玩伴的做法忽视了他们的个人偏差。研究显示，游戏是一种了解他人偏差的安全途径。在游戏中，我们会设计一些经历，这些经历会揭示一些观念。接着，我们又会质疑这些观念，得到难以预测的

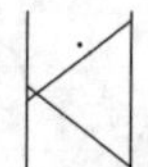

结果。贝恩克所做工作的基本前提是，游戏可以使你的系统变得更加复杂，使你获得灵感的可能性有所提高。

虽然游戏可以使一个人迈进不确定世界并取得成功，但是游戏本身并不是一个完整的工具，正如孩童般的人生态度对于大脑发育的促进作用是不完整的。要想在进化中生存，创新需要的不仅是创造。我们还需要原则五：带着意图偏离常规，而不是仅仅为了偏离常规而偏离常规（尽管这种做法在随机搜索策略方面也是有价值的）。这很重要，而且有一个明确的例子。如果你在游戏中加入意图，你会得到什么？

科学。

这个词语会让你想到一系列观念……其中大部分观念恐怕都不是很积极。你可能会想，科学与消毒的实验工作服和缺乏想象力的事实有关。你可能会想，科学是由测量定义和组成的方法论，因此是信息收集的极致。这并不是科学的定义。科学也不是由“科学方法”定义的，科学方法只是对于一种感知和行为方式的表述，这种方式实际上要深刻得多。可以肯定的是，设计和实施优秀实验所需要的技能非常重要，对于这种技能的掌握和良好运用是很难的：在我看来，几乎没有什么事物像良好的实验设计那样优雅或美妙，正如几乎没有什么事物像美妙的油画、歌曲或舞蹈那样扣人心弦。科学的技艺和艺术具有相似性。科学手段的技艺不一定能够定义科学。

这种存在方式具有实际用途的证据是，2011 年，通过对于蜜蜂感知的研究，一群 10 岁儿童（包括我的儿子米莎）成了历史上最年

轻的拥有出版作品的科学家。通过使用这些科学原则（“带着意图做游戏”），这个“布莱考顿项目”挑战了科学界，许多期刊的编辑拒绝了这些孩子的项目（就连英国最大的公共资助机构……惠康基金会……也拒绝为该项目提供资金，称它不可能产生足够大的影响）。不过，这个项目（我们称之为“爱科学家项目”，它是由英国优秀教育家戴维·斯特拉德威克（David Strudwick）参与设计的）创造了之前没有得到探索的全新的可能性空间……即将创造性和效率结合在一起，而不是分别追求二者的创新过程。

创造性和效率共同定义了创新。创新是存在于整个自然界的辩证法，它和贯穿本书的其他一些二元对立关系相呼应：现实与感知、过去的有用性与未来的有用性、确定性与不确定性、自由意志与决定论、看到一件事物与将其解读成另一件事物。这些对立关系实际上是自然真理。这种创造性和效率之间的基本对话也体现在大脑本身，因为大脑可能是世界上最具创新性的结构了。

人类的大脑在兴奋和抑制之间保持平衡。这很重要，因为它使你的大脑维持最大限度的反应能力：如果抑制过多，刺激就不会得到恰当的传播；如果抑制过少，刺激又会创造出过度的闭合反馈回路，导致癫痫发作。[78] 使用程度的提高会改变兴奋平衡，此时抑制性连接一定会生长，以便维持平衡（反之亦然）。这使大脑能够在任何环境中维持准备状态……以响应不确定背景下的变化……因此，大脑实际上是在用它的复杂性适应它的背景。大脑会做出适应性改变，以不断重新定义常态……不断寻找动态平衡。它创造了一种杂乱而持续的生长和删减的过程。这意味着大脑在创造性和效率之间、

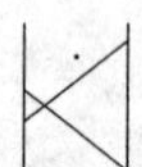

在探索空间维度的提高和降低之间来回移动。最近，神经科学家发现了两个比较大的细胞网络。一个是“默认网络”，它在另一个网络休息和“自由思考”时更加活跃。默认网络的连接更加广泛和全面。另一个网络更加直接高效，往往会在专注行动期间被激活。

为了将事情简化成一目了然的经验法则，你可以这样考虑：在创新生态系统中，你可以将创造性看作对于更多的新思想说“是”。回忆谢弗勒尔和他解决哥白林织布厂谜团的故事。如果国王只给他一个月或者一年时间解决问题，他就会失败。效率的压力会中止他漫长而必要的研究。不过，由于谢弗勒尔的时间期限允许他排除错误解释（比如与织锦质量有关的解释），探索更加违反直觉的解释，他最终在人类感知的理解上实现了具有历史意义的重大飞跃。

虽然我们喜欢崇拜谢弗勒尔、史蒂夫·乔布斯以及类似的天才，但是说“不”的效率有时也很重要。因此，效率本身不是一件坏事。说“不”而不建立“否定物理学”本身是一种具有创造性的艺术。知道如何恰当地实施和使用探索性和创造性思想的人非常重要，比如为作家设置截止日期，帮助他们以最吸引人的方式讲述故事的编辑（本书的编辑阿伦·舒尔曼（Arron Shulman）就是这样对待我的）。毕竟，同创造性相比，效率有时可以更好地拯救你。当公共汽车向你驶来时，“战或逃”的反应是非常有用的。你不应该问自己：“嗯，我是否可以用不同的方式看待这件事？”因为答案是肯定的。不过，你大概不应该尝试不同的方式。明智的决定是以最有效率的方式躲避汽车，因为这样可以提高你的生存概率，而这总是最重要的。

因此，不管是在生物进化领域、商业领域还是在个人发展方面，在完全相同的条件下，在完成任务时耗能较少的系统可以胜过耗能较多的系统。所以，关注效率是大多数行业的策略。

就连中小学和大学……应当在个体、文化和社会层面鼓励不同观察方式的地方……也成了效率的孵化器。这当然极具讽刺性："企业"的存在是为了自己，不是为了它们的代理人，这是明确的（甚至是合法的），大多数公司对此非常坦诚。所以，我们在一定程度上接受了这一点（除了使我们感受到虚伪的情况，大脑对于真实性非常敏感）。不过，中小学和大学存在的目的显然是成为好问题的温床。伟大的问题无法在流水线上"生产出来"。我不能对我的博士生或博士后同事说："请在星期二之前完成这项发现！"发现的价值也不能用美元量化（至少短期如此），因此试图通过提高效率最大限度提高创造性的想法是完全错误的。不过，这正是教育领域创造性的现状：它被套进了竞争的经济模型里。这与晕船类似，它是一种感官矛盾，不仅会导致知识损失，也会导致人力损失。2014 年，伦敦帝国学院的一位教授自杀了，这非常可悲。他的大学威胁说，如果他不能找来大量经费，他们就会解雇他。[79]我们无法推测他个人可能面对的其他斗争，但是大学正在提高对于教员的压力，要求他们实现与教育真正目的几乎没有关系的目标。教育的真正目的是传授和扩展我们的知识和科学体系。世界上当然应该有一个故意保持赤字状态的地方，因为创造性在短期（不是长期）是缺乏效率的。不过，这种赤字支出似乎是为我们最缺乏创造性的机构（政府）准备的。在没有一流企业财务架构的情况下运行这种企业效率模型会降低大学的创造性。其结果是，大学的工作会转向转化型研究，能够获得长期回报的基础性研究会变少。有趣的是，同这种视角相一致的是，大学和企业之间正在发生模式转换，更具创造性的成果正在成为后者的产出，比如谷歌、Facebook、苹果等企业。

（闲言结束。）

考虑到这种对于效率最大化无处不在的关注，我们应该问一问，除了生死攸关的场景，这种实践是否拥有最佳环境？生物学（包括神经生物学）为我们提供了一个答案：竞争环境。竞争是消除“脂肪”……多余的、烦冗的、过时的事物……的良好动力和过程。不过，从进化角度说，竞争会带来许多死亡。作为一种商业模式，竞争意味着一家公司拥有终止文化，没有在指定期限得到某些结果的人会被解雇。这种方法可以通过压力激发巨大的努力，但它却是提高创造性的错误方法……这不仅是因为探索不会具有优先地位，也是因为员工面对的压力水平会缩小他们的可能性空间。

即使在大脑层面，我们也可以看到通过竞争追求最大效率的证据。你也许还记得，在人体消耗的能量中，20% 的能量用在（或者应该用在）只占人体质量 2% 的大脑中。所以，脑细胞需要消耗许多生物资源，以便形成几万亿个连接，并在这些连接上生成电活动，因此思考本身（不一定是创造性思考）就很消耗能量。所以，你的大脑试图最大限度地降低脑细胞数量，减少点亮每个脑细胞的次数。这种程序是这样的：你要么拥有许多脑细胞，每个脑细胞在你的生命中只点亮一次，要么只有一个脑细胞，它在你的生命中一直在点

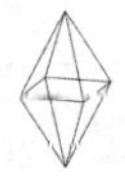

亮。实际上，大脑同时使用了这两种策略。它会产生生长因子，为有限的能量资源竞争，以便在细胞数量和必要活动之间做出平衡。最活跃的细胞……准确地说，是同时与其他细胞的连接最为活跃的细胞……最有可能生存下来。不过，可用资源的数量并没有少到消除神经回路冗余的程度，这对创造性和恢复性非常重要。

考虑鸟类小脑与飞机内部线路的对比。和哺乳动物类似，鸟类的小脑控制着它的运动行为，它可以协调翅膀运动，这对于对抗地球引力是非常重要的。对于人类以及其他生活在地面的生物来说，如果其运动协调出了问题，他们的身体最多从几英尺高的地方摔下来，导致不可避免的割伤和瘀伤。相比之下，鸟类小脑的一次失败会给它们带来灾难。因此，你可能认为鸟类的小脑非常高效。这是的确事实。不过，另一个事实是，鸟类的小脑拥有程度很高的连接冗余：理论上说，即使移除一多半连接，鸟类也不会摔到地面上！[80]你可以将其与最复杂的战机进行比较，后者可能是我们最高效的发明之一。如果切断战机控制系统中的几根电线，或者对一片机翼进行轻微的破坏，甚至让一只鸟儿飞进某个喷气发动机里，一架价值几亿美元的战机就会坠毁。和大多数企业（乃至现代生活中的许多领域，从体育和运动员到教育）一样，这个系统非常高效，但是完全没有创造性，因此不具有适应性，即创新性！

要想创造成功的创新生态系统，我们必须考察我们自己的生态系统，将效率和创造性的平衡融入我们自己的神经系统之中。因此，只强调创造性或只强调效率的做法无法取得成功。二者必须在动态平衡中共存。而且，这个系统必须发展。

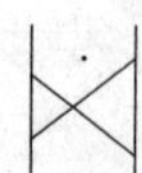

发展的过程是添加维度的过程，即复杂化的过程，这是我的实验室以及其他一些实验室多年来一直在研究的课题。它很直观：从简单入手（少量维度），增加复杂度（更多维度），然后通过试错进行完善（失去一些维度）……然后重复这一过程。发展是创新过程的体现。

2003 年，当苹果开始开发具有革命性的智能手机时，他们确信应该在屏幕上使用新的“多点触控”技术，这将从根本上改变用户界面体验。不过，手机本身的设计仍然很不明确。一种策略是“挤制”，是用中间厚、边缘薄的挤制铝材制作手机。不过，乔尼·艾夫对“挤制”并不完全满意，他提出了“三明治”策略，即将两块特制玻璃结合在一起。艾夫及其团队进行了复杂化，同时保留了“这两种观念有利于帮助他们进行更具创造性的发现”的可能性，但是这种可能性没有成为现实。最终，两种方案都没有被选中。相反，艾夫决定使用之前的一个原型，这个原型一直没有被他们放弃……如果他的团队最初没有通过设计另外两个原型将问题复杂化，他们就不会选择第三种观念。[81]

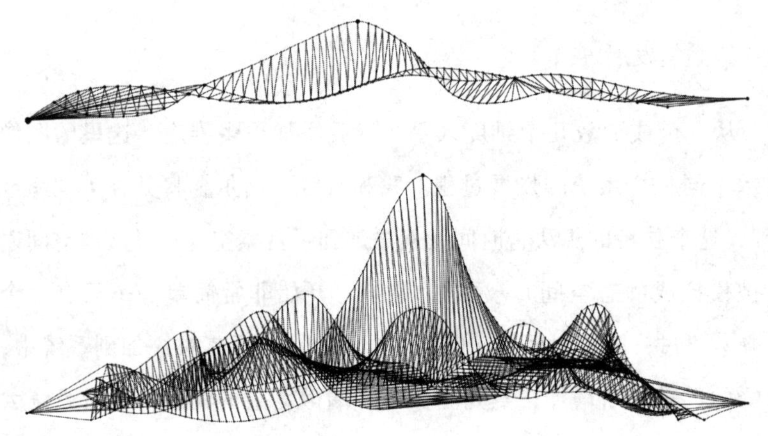

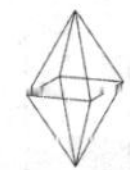

复杂化模型实际上就是硅谷模型，但它根植于生物学，因为发展、学习和进化是它的迭代过程。所以，硅谷公司的“创新”并不新鲜。他们的主要工作也是黏菌和大脑一直在做的事情。不过，有几项重要技巧和策略可以确保复杂化的成功，这也是博士生戴维·马尔金（David Malkin）和乌迪·施莱兴格（Udi Schlessinger）在我们实验室进行的优秀研究揭示的事情。

在前面的观念网络模型中，我们证明了网络越复杂，你所搜索的可能性空间中存在“最佳”解决方案的可能性就越大，因为大量相互连接可以提高潜在解决方案的数量（如下图所示）。这与只有少数解决方案的非常简单的系统形成了对比（如上图所示）。问题是，复杂网络的适应性不强（这就是我们所说的“低进化性”）。所以，如果你是一个复杂系统，那么你的可能性空间更容易包含最高峰，但是进化过程可能不会找到它，这带来了一个难题：复杂系统可以帮助我们适应环境，但是它们本身的适应性不强。

那么，如何找到最佳解决方案呢？

答案是发展。

从一个或少数几个维度入手，然后添加更多维度。这里的图像显示了同一个系统的发展过程。我和戴维·马尔金将其称为“超地形”，这个独特的想法将时间元素添加到了搜索空间中（这种空间通常被模拟成静态空间）。注意，系统一开始非常简单……只有一个山峰。不过，随着时间在 z 轴上的推移，更多元素被添加到系统中，山峰的数量不断增加，直到图像另一端最复杂的状态，此时系统大

约有五个山峰。令我们吃惊的是，当一个人以这种方式发展网络时，最复杂状态的最佳解决方案也是最有可能被发现的解决方案……条件是复杂化系统在每一步试图实现“能量状态”的最小化。这与系统最初始于复杂状态时我们对同一解决方案的寻找形成了对比。当我们从简单状态开始时，我们似乎可以走上从低维空间到高维空间的山脊。在这个过程中，通过添加更高维度（叫作“高维旁路”），我们可以穿过低维系统的山谷。这一发现暗示了一个违反直觉但却非常重要的推测性原则：将我们所说的“噪声”（即随机元素）添加到系统中的做法可以提高系统的适应性。如果这一原则成立，那么另一个具有高度推测性的结论是，一些基因之所以存在，不是因为它们可以为任何特定的表现型编码，而是因为它们可以提高搜索空间的维度……当系统找到新的山峰时，它们就会消失（或者安静下来）。根据这一结论，想象这样一个组织，其中某个人唯一的作用就是提高空间维度，从而在比较糟糕的解决方案上方架设桥梁……这意味着有时……

系统中的噪声是有利的！

不过，在添加新维度时，有一点非常重要：你应该在周期性成功的速度与复杂化的速度之间做出平衡……同时最大限度地降低系统每个复杂度等级上的能量状态。换句话说，你不应该对一个本质上很糟糕的手机进行更新和升级；你应该只对已经具有强大核心的手机进行更新和升级。这与大脑的发展方式相一致。当大脑生长时，它会添加连接，从而使自己复杂化：在可能性空间中添加维度，形成新的神经电连接通道。不过，这种发展依据的是关于过去哪些有用、哪些没用的反馈。起作用的内部活动模式（有用的观念）得到加强，不起作用的模式（不再有用的观念）被丢弃。你可能还记得，这就是第 3 章介绍的细胞在神经肌肉接点中所做的事情，即创造冗余，然后由系统进行删减，然后再次复杂化，最后形成整体数量更多，并且以有用方式组织起来的连接。此外，乌迪·施莱兴格在实验室中还发现，有用的复杂化拥有属于自己的有用过程。同仅仅添加随机连接相比，更有用的做法是用细微的步骤逐步复制系统（添加冗余）。这个过程不仅体现在偏离常规者的细胞中，也体现在他们的生活中……他们以每次迈出一小步的方式用新的经历对其观念进行复杂化，以便对其存在进行复杂化……从而在他们的大脑层面以及物理世界层面上改变感知，然后用整合过程承接复杂化过程。因此，每次更新都是对上一个版本的“即兴重复”，而不是对整体的重新思考。这种提高和降低复杂度的循环是生命本身特有的创新过程，也是解决生命内在冲突的基本途径。

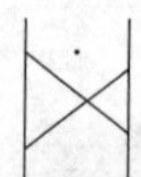

所以，如果你拥有苹果手机或者其他任何苹果产品，你会发现，它总会有新的修改、新的更新和新的型号。这不仅仅是营销，也是艾夫等人在苹果公司通过设计团队开创的质疑过程的结果——其主导思想是，虽然公司拥有极为伟大和成功的产品，但是他们必须不断问自己，为什么我们不能把它做得更好？他们可以做得更好，而且他们的确是这样做的。他们不断提出新的小“笑话”，比如苹果手机在上一版基础上有所改进的所有迭代。

除了大脑发展，进化也是这两个极端之间紧张关系的一个伟大而成功的例证。所有物种都会经历探索（创造性）阶段，期间形成不同的特点，比如几十亿年前登上陆地的第一批生物的脚，或者包括人类在内的一些灵长类发展出来的对生拇指。在一些时间段，物种多样性会得到极大的扩张（提高维度），但在随后的利用（效率）阶段里，拥有有用新特性的生物会存活下来（降低维度），其他生物则被淘汰，只留下最具适应性的生物。

地球相对于太阳的运动以及人类与环境保持同步的进化也反映了这种循环。如果物种的存在本身是一个创新生态系统，那么睡眠本质上就是创造，因为我们知道，睡眠时的内在搜索过程可以增加神经连接；清醒则对应于效率，因为这些神经连接在清醒时会得到巩固。同样的道理也适用于我们从婴儿到少年的发展。当我们处于幼年的“关键期”时，大脑具有可塑性……因为它会建立许多未来的观念和吸引子状态。这是我们这个物种的一个巨大优势。我们“过早”出生，并在很多年时间里保持幼小状态，无法独自生存，大脑处于不成熟状态。因此，人类的大脑会适应它的环境，尽管这个

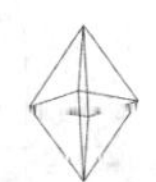

环境不是由它选择的。因此，人类在大自然中占据的生态位比其他任何物种更具多样性。接着，随着我们年龄的增长，这种形成性过程会放慢速度，改变也变得更加困难，因为我们的重复经历获得了更加稳定的状态，就像拥有引力一样。（当然，我们仍然可以进行创造性改变……这就是你阅读这本书的原因！）不过，这些支持创造性的“盘山道”可以使你在适应度地形的不同山峰之间沿着环绕山谷的山脊前行。当你抵达更高的山峰时，你可以丢弃这种额外维度，回到这种模式的效率端。因此，创新（适应）就像一个螺旋：当你处于有效的循环之中时，你永远不会回到原来的位置。相反，当你结束一次循环时，你会出现在相似但更高的位置上。

音乐里的音阶是一个很有用的比喻。当你位于中央C时，如果你经过音符D、E、F向上走，你会“远离”C，因为声音转向了更高的频率。这对应于创造性阶段。不过，当你在音阶上继续前进时，经过G、A、B，你会感觉自己“回到了”C，但是这个C高了八度。具有讽刺意义的是，这种创新的螺旋性质说明，创造性是通往效率的关键路径，效率也可以导致创造性。和自然界的一切事物类似，要想创造出适应动态世界的持续过程，重要的是在二者之间进行转换。

所以，企业和其他文化希望培养适应性（大学也应当包括在内），其关键是永远不要进入“锁相”状态，不加变化地以最大效率

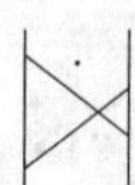

追求单一思想。和商业领域类似，在自然界，群体中的这种系统会被迅速淘汰。应用程序“Yo”是一个高度专一、极其高效的通信系统，它将通信缩减为一个单词：“呦！”这个消息在不同背景下具有不同意义。它的创建者只用了8个小时就完成了编程，但它却迅速获得了数十万用户。它没有任何竞争对手。它是马列维奇《白色上的白色》的通信版本，将通信的概括性发挥到了极致。不过，如果它没有得到复杂化，那么它可能会迅速消亡，甚至被另一个更具一般性的平台吞并，后者的可能性更大。实际上，最成功的公司遵循我所说的“楔式创新”。它们一开始很“尖锐”，凭借高度专注的产品胜过所在领域的竞争对手（通过高效地专注于它们提出的具有原创性和创造性的思想）。不过，它们随后会拓宽使用范围，从而拓宽公司的情境度，对他们的工作及其原因进行多样化。柯达就是一个经典案例。该公司没有采取这种做法，没有拓宽它的楔子（对于大众照片打印领域的开拓），抢在竞争对手之前进入数码照相领域，在其螺旋阶梯上前进一步，尽管它有机会这样做。苹果则是相反的例子……它是一家具有超前思维的、螺旋上升的公司。

在一家公司的发展过程中（以及生命的发展过程中），它需要同时拥有不同螺旋，在各种时间尺度（频率）上开发不同产品。例如，当谷歌进入某款产品的效率阶段时……即这款产品表现良好，比如谷歌搜索引擎或Chromebook笔记本式计算机……该公司已经进入了其他创新的起始阶段，比如自动驾驶汽车。这可以看成是GoogleX出现的原因。GoogleX是谷歌的“登月级”研究开发计划，其目的是提出具有创造性的想法，然后由其他人为其添加效率（在我看来，这正是实验室遵循的程序……上述罗伯特·富尔的实验室就是一个例子）。其结果是，一些想法会成为创新，另一些想法则会消失，比如谷歌眼镜……谷歌眼镜的消失不是因为技术问题，而是因为谷歌似乎没有考虑该设计的一个基本属性：人类的感知 / 天性。谷歌似乎没有考虑到目光在沟通中的重要性。我们移动眼球不只是为了获取信息，也是为了传达我们的情绪状态以及我们与对方关系的性质。例如，如果你在我看你的时候看向地面，你可能在传达顺从或不安全的感觉。如果你抬着头，你可能在传达相反的含义。

> “你必须首先关注创造性，然后关注效率……并且重复这个过程。”

一个来自生物学的基本观点是：不适应意味着死亡。

在商业领域和生活中，我们必须永远处于某个循环之中，同时时刻记住罗伯特·富尔用于评估实验室效率和创造性相互关系的公式。“项目成功的可能性等于项目的价值除以它所花费的时间，”富尔说，“你需要在它们之间做出平衡。”为确保这个公式得到较高的概率，你需要使用一个简单的模型：你必须首先关注创造性，然后关注效率……并且重复这个过程。你不能把顺序颠倒过来，也不能让二者并行（除非用不同的小组分别关注创造性和效率）。

在项目开始时，在距离截止日期很远的时候，“天马行空的思考”是很重要的，这就像是在争夺资源的生死关头之前对于物种非常重要的基因突变，或者毕加索在最终绘制《格尔尼卡》之前为这部杰作进行的数百项研究。不过，如果你从效率入手，你就会限制你的

可能性空间，因为你缺乏充裕的时间对其进行反复调整，无法发现可能的最优想法。因此，编辑不会在作者写下每一句话时对其进行编辑，而是在作者结束探索期以后阅读完整的章节或整本书。（最优秀的编辑可以在创造性和效率之间找到平衡。）类似地，如果歌德为自己定下一个期限（比如 10 年），用于组织自己关于色彩的思想，而不是为他那部过度探索的作品设置没有限制的时间框架，他就不会将整整 20 年的时间花费在他对于色彩的痴迷之中。

创造性和效率的循环交替是最成功的生物系统过去以及现在采取的做法，而硅谷和科技文化将其有效地标榜成了属于自己的程序。要想实现这种程序，关键是弄清何时应该分析来自生态系统的反馈。一些公司对于有潜力但远非完美的应用程序进行了迅速的反馈迭代……比如约会程序 Tinder、出行程序 Waze 或房地产程序 Red Fin 的早期版本……他们的优势是可以在效率和创造性之间迅速进行"代码转换"，从而以最佳途径为产品和顾客的要求服务。他们通过经验寻找最佳解决方案，探索思想适应度地形上的山峰和山谷。因此，根据这种框架，这一程序必然会带来一个副产品，即"失败"。由于某些接纳这种策略的创业公司取得了成功，因此"在失败中前进"和"更好地失败"等口号最近变得非常流行。它们的确是很好的口号，但它们的内在精神在科技界出现之前已经存在很久了。实际上，科技界重新发现了科学的本质。[82]

不过，在这种模式中，如果操作得当，你是不会遇到失败的。在科学上，失败是你没有学到任何东西的时刻，或者推翻某个假设的时刻（这意味着你学到了东西）；商业领域也是如此，或者应该如

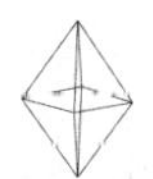

此，尽管商业领域总是存在收益问题。所以，“在失败中前进”等硅谷口号是错误的，原因有两个方面。第一，设计恰当的实验不会失败，因此带着失败的想法对待科学在方法上就是错误的；第二，硅谷的失败观念是错误的，因为科学上的前进意味着学习，因此它并不是失败。这种观点是一切创新生态系统的核心。所以，硅谷也许需要新的口号：学习——前进——把实验做好（尽管这个口号没有之前那样吸引人）。

现代科技文化非常清楚，真正的创新、成功和情绪满足的实现过程不是一帆风顺的。这个过程会有冲突，会有延迟，会有错误及其导致的后果，比如本·安德伍德学习如何再次“观察”事物时经历的痛苦的摔跤。这些摔跤令人沮丧，使人感到很难过（这一点应该得到承认）。不过，在合适的生态系统中，冲突会导致积极的变化，因为真正的创新生态系统不应该产生完全顺利的结果，而大脑本身仍然可以告诉我们这件事的原因。

人类的大脑不会追求完美。我们的身体决定了我们会在不完美之中寻找美。我们的大脑不仅会被确定性吸引，也会被“噪声”（创造差异的不完美）吸引。你当然还记得，我们的五种感官需要通过对比理解无意义信息，否则这些信息仍然会保持无意义状态。当你对自己进行微跳视实验时，你会失明！以弹钢琴为例。机器和人类专家弹奏的钢琴曲最主要的区别是什么？为什么机器生成的曲子在美学上令人不快？它们听上去冰冷而“缺乏灵魂”，因为它们是完美的，这颇具讽刺意味。它们没有错误，没有犹豫，无法提供自然感以及人类普遍具有的不断适应的需要和愿望。简而言之，你的大脑

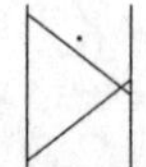

在进化中学会了寻找自然之美，而自然是不完美的。所以，创新过程及其结果不需要做到完美。

重要的是不完美的方式……偏离常规的方式。

这种在创造性和效率之间螺旋式移动的过程本身是不完美的，因为根据定义，“中间地带”是过渡区，在生物学上叫作“生态边缘区”即从一种空间到另一种空间的过渡区，比如森林和附近的草地之间，海洋和海滩之间，尼安德特人和人类之间。生态边缘区可以产生大多数生物创新，但它们也是最危险的区域，因为我们所有人都知道，转变会带来不确定性，比如从青少年到成年的转变，从熟悉的家到新家的转变，从单身生活到婚姻生活的转变（这种转变常常还会倒过来），从无子生活到有子生活的转变，从工作生活到退休生活的转变。最关键的细节是，创新在“中间地带”上移动。在二者之间的移动才是创新：创新不是生活在混沌边缘，而是让处在混沌边缘成为常态。在实践中，这意味着你必须知道你在任意给定时刻处于哪个阶段。这种意识还应该扩展到另一个方面：确保高效人员处于高效职位，具有创造性的人员处于创造性职位。如果你把这件事弄错，创新过程中的其他事情可能也会出问题。指导公司目标的是首席执行官，不是首席运营官，后者的工作是确保公司目标得到实施。大多数时候，最伟大的创新者不是个人，而是体现创造性和效率之间紧张关系的集体。特别地，在创新生态系统中，一种可能很有效的搭配是新手和专家的搭配。

“本科生也许是我们的秘密武器……因为他们不知道什么是无法完成的。”罗伯特·富尔说。他说的是“天真的”大学生，有时是还不到 20 岁的青年男女，他们不知道哪些事情是不可能的。“我想说，我们的主要突破是由本科生完成的。我曾对一位二年级学生说：‘我们需要测量壁虎一根体毛的力量，但是你无法看到或抓到一根体毛。如果做到这一点，我们就可以测试它是怎样粘在墙上的了。’结果，她按照字面意义理解了这句话！”这位本科生用一种巧妙的方法测量了壁虎的体毛，这是富尔无法想象的。“她在二年级时发现了这一点。凭良心说，我不会让本科生做这样的事情。她走进办公室，说：‘哦！我测出来了。’我说：‘什么？！’”无知不仅仅是幸福，它也意味着成就。

在我的实验室里，我告诉学生，不要在一开始阅读自己所在科目的资料。我更希望他们天真地做事，开启自己的探寻过程，这一过程将不可避免地得到延长，使他们不得不进入专业模式，这也是他们的博士论文对他们的最终要求。所以，我希望他们在尽量长的时间里保持这种原始的非专业状态，因为这意味着他们拥有一组和“专业”教授（比如我自己）完全不同的观念。到了最后，教授会从学生那里学到东西，我常常就是这样。事实上，虽然创新生态系统中群体的多样性对于创造非常重要，但不是所有多样性都是相同的：一些多样性优于另一些多样性。在另类实验室中，我们通常追求专家和新手的多样性（这些新手不是无知，只是缺乏经验）。这是因为，专家常常不善于提出好问题，因为他们知道自己不应该提出哪些问题。不过，几乎所有有趣的发现都是源于“不合适”的问题……源于看似“愚蠢”的问题。因此，专家可能相对缺乏创造性，但却非常高效。不过，优秀的专家……对于由“有意图的游戏”（即科学）

定义的存在方式持接纳态度的专家……在面对好问题时能够意识到它们是好问题，但是他们无法自己提出这些问题，这是一个值得注意的现象。相比之下，天真的人可以提出被人忽略的好问题，因为他们不知道他们不应该问什么。另一方面，他们并不知道什么是好问题。

因此，我们需要专家和新手的结合，因为他们组成了重要的对立统一体。创造者并不总是知道他们应该选择哪个方向或者这个方向意味着什么（前提是他们是真正的创造者，即偏离常规者）。他们常常需要"行动者"帮助他们分辨最佳思想。另一方面，专家很容易形成"隧道视野"，直到某个新手提出问题，将隧道一下子拓展成开阔的田野。关于这种新手，最著名的例子也许是爱因斯坦。相对而言，爱因斯坦是学术领域的局外人。他没有接受过专业教育，不知道他不应该提出哪些问题。当然，他后来成了物理学专家，但他并没有失去天真的一面。这里面隐藏着一个重要观点。

和爱因斯坦类似，一个人可以同时保持专业的一面和天真的一面。例如，在多踏板实验室里，生物学家和物理学家并肩工作，而且他们常常不是很理解对方的工作。富尔说，来自不同领域的人"不了解其他人的领域"。人们的角色在不断变化，因为富尔对于他的本科生和研究生来说是专家，但他在和数学家或者其他领域的专家合作时却又变成了新手。理解人们的多面性及其在任何指定情形中的角色是非常重要的。"一些人很聪明，"富尔说，"但这并不意味着他们对于生物学无所不知。"这意味着对于创新，我们需要群体多样性，包括我们每个人内部的"群体"。我们每个人都必须培养自己

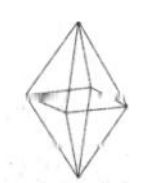

内部的集体。这样一来，我们就可以创造出具有内在对比的创新生态系统。这又引出了领导的话题，而领导是任何创新生态系统的基础。

什么是优秀的领导者？优秀的领导者能够让其他人进入未被发现的区域。不过，我们自身对于这些区域不确定性的恐惧常常会使我们迷路，因而也会使其他人迷路。我们的保护天性会使我们不断为孩子点亮比喻意义上的夜灯，因为我们认为我们应该为他们照亮当前区域。我们需要带领孩子进入黑暗，以便让他们学会亲自探索。

当我的孩子两岁时，他们会做其他两岁孩子都会做的事情。因此，我逐渐意识到，当他们处于黑暗之中时，他们希望知道墙壁在哪里，他们通常会在全速奔跑中撞上墙壁。当他们进入英格兰德文郡布莱考顿学校时，当时的优秀校长戴夫·斯特拉德威克（Dave Strudwick）（他对前面介绍的布莱考顿蜜蜂项目起到了重要作用）会对家长说："在这里，孩子们可以爬树。"（实际上，他说这句话本身就是一件令人吃惊的事情，因为将这件事明确说出来意味着一些家长更愿意把孩子送到不允许爬树的学校。）和作为学校领导者的戴夫类似，作为家长，我的主要职责不是为我的孩子点灯，而是让他们在黑暗中奔跑（探索），同时为他们设置墙壁，以免他们跑得太远，并且让他们明确认识到，当他们撞到墙壁并倒下时，他们会被扶起来，因为两岁孩子既需要探索，也需要他人的保护（这也适用于包括青少年和成年人在内的所有人）。他们通过这种方式定义可能性空间的架构（以及这个可能性空间与周围其他人……在这里是他们的父亲，也就是我……的可能性空间必然会出现的重合）。这需要为孩子提供前进的自由，以及知道何时停止的纪律和智慧，这种停止不

是因为他们的前进触发了你自己的某种恐惧，而是因为他们在做一些对自己有害的事情。同创造性和效率之间的转换类似，对儿童的培养意味着让孩子打造自己的试错历史，而不是让他们采用你的试错历史，以便使他们学会如何在“前进”和“停止”之间转换。

这意味着当世界的联系程度日益加深、变得难以预测时，领导的概念也必须改变。优秀的领导者不是站在前面提供答案，带领大家追求效率的人。优秀的领导者是由他领导其他人进入黑暗（进入不确定状态）的方式定义的。这种领导风格的改变体现在最成功的公司、最优秀的实验室甚至最优秀的医学实践中。

尼克·埃文斯（Nick Evans）是英国顶级眼科医生之一。他每天都要面对有可能永远失明的人。和其他所有刚刚患病的病人一样，这些人产生了源自不确定状态的巨大压力。要想很好地领导这些个体，你不应该为他们提供更多关于病情和症状的数据，即不应该使用“信息缺失模式”，该模式的目的是通过提供更多测量数据说服对方。（这是气候科学家面对公众时使用的理性方法，但是这种方法产生了不利影响。）尼克没有提供信息，而是用同情直接面对患者源自病情不确定性的恐惧和压力，他将他们看作需要理解现象和原因的个体。

优秀领导者的一个主要特点就是愿意毫无保留地给予。在罗伯特·富尔的例子中，他的给予驱动了“实验室”整体以及其中每个个体的成功，这当然是领导者的目标。“我几乎每天都在放弃我最好的想法。”富尔说。这意味着他经常把他关于生物力学的洞见传递给学生和合作者，而不是独占这些思想。“这很好，因为我可以选择能

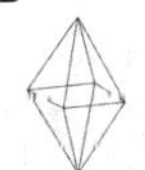

够将这些思想进一步拓展的人。当我望向窗外时，我的好奇心仍然在寻找答案。”有时，学生在他的实验室里找到了答案；另一些时候，答案直到多年以后才会出现。富尔将其看作在时间和空间上得到扩展的同一个交叉生态系统。热情和发现可以超越相关个体。

实验室应该像家庭一样。同其他任何关怀关系一样，当人们感到自己受到关心、可以安全地实验时，实验室可以良好地运转。信任是领导他人进入黑暗的基础，因为信任使人们对于恐惧采取勇敢的行动，而不是愤怒的行动。由于信任的基础是相信处于不确定状态中的一切事情都不会出问题，因此领导者的基本职责是从根本上领导自己。研究表明，成功的领导者拥有三个共同的行为特点：以身作则，承认自己的错误，看到他人的优点。这三点均与游戏空间存在联系。以身作则可以创造出值得信任的空间，没有信任就没有游戏。承认错误意味着赞美不确定性。看到他人的优点意味着鼓励多样性。

我要把这一点进一步向前推进，即最伟大的领导者通过对于感知的理解（知道如何顺应而不是对抗人类大脑及其进化起源）来领导他人，这种领导可能是有意的，也可能仅凭直觉。当然，领导者知道如何向他们所领导的人传达这一点。优秀的领导者在思考时使用不同灰度……在表述时使用黑色和白色。

> “优秀的领导者在思考时使用不同灰度……在表述时使用黑色和白色。”

最伟大的领导者同时拥有不同特点：他们专业而天真，严肃而活泼，外向而内敛，充满创意而又非常高效——至少，他们会把具有这些特点的人聚集在身边。在培养子女方面，优秀的家长不仅可以看到孩子的淘气行为，而且还可以看到他们的品质。优秀的教师为学生创造观察的自由（而不是限制他们的观察范围），同时为成功的过程设置条件。最伟大的领导者同情别人、勇敢、具有创造性、喜欢沟通、能够做出选择。我们还要添加第六个基本特点，即他们关心自己的使命；也就是说，他们拥有强烈的意图。在亲子关系、爱情关系或者公司关系中，要想创造创新生态系统，你需要知道一段关系的“为什么”，甚至需要知道一个个体的“为什么”（他们对自己的定义）。在父女或情侣之间，这个“为什么”是爱（他们为自己定义的爱）。对于一家公司，这个“为什么”可能是由公司的“品牌基因”定义的。这是唯一无须质疑的元素。这并不是说它不能被质疑，而是说要想从 A 点前往非 A 点，你需要一个立足点、一个大本营，以及原谅能力，知道当你走进黑暗，当你的大脑自动产生不太有用的反应时（这是生活中不可避免的事情），情况仍然是可以掌控的。关于原谅科学的最新研究表明，原谅不仅对大脑有益，可以促进细胞生长，提高连通性，而且对整个身体也有益。[83] 当然，原谅的一个重要方面是在需要时原谅你自己。从实践的角度看，原谅是指忘记过去的意义。它是停下来，是从 A 点前往非 A 点……是“埃柯维”。它是“失败”导致成功的原因。

每个人都具有我们在本章探索的感知的辩证法 / 转换 / 紧张关系。你既是专家又是新手，既有创造性又有效率，既是领导者又是被领导者，因此你的内部包含一个社区。这种复杂过程将不可避免

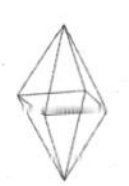

地创造出不完美以及彻底的失败。不过，更大的错误是不相信你的大脑会对你在创新生态系统框架下走进不确定阴影之中的做法进行奖励，尤其是当你和其他人一起这样做时。只有进入充满不确定性的黑暗之中，我们才能在个体和集体层面上看到不同，偏离常规。领导者也必须创造出偏离常规的物理空间，因为地点和空间对于人类的健康成长是至关重要的。在这个科技时代，我们似乎忘记了大脑是在身体里进化的，身体是在世界上进化的。我们永远无法逃离这个重要事实。为此，我们应该感谢上帝！

本书的大部分内容是在我的家里写成的。这是一座狭窄的、拥有 200 年历史的四层英式砖砌的城镇住房，位于英国牛津，我和伊莎贝尔称之为“考夫楼”。我们将其看作拥有多重身份的海盗（和非海盗）扮演各种身份的藏身之所，尽管我们由确定性驱动的感知试图让我们相信，我们每个人都是一个单一的整体。我们对考夫楼的不同区域进行了安排和装饰，以反映大脑在创造性和效率这两个极端之间的转换，以及“我们所占据的空间对于我们的感知具有强烈影响”的事实。例如，昏暗的光线可以提高创造性，明亮的光线可以增强分析思维。[84] 吊灯可以增强抽象关系思维，低矮的天花板则具有相反的作用。[85] 具有创造性的视野可以提高创造性，温和的视野则可以暂时提高记忆力和注意力。[86] 考夫楼在每个房间设置了不同的“为什么”，以体现这些思想，这对室内设计和建筑也是非常重要的。而且，在任何空间里，拥有噪声——即没有得到事先确定的空间……允许大脑进行适应性改变的模糊空间也是非常重要的。此外，考夫楼还体现了关心的尝试，主动创造出一种存在方式，使我

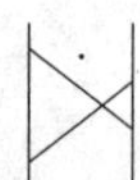

们和其他人的另类大脑繁荣发展。不管是在家里还是在工作场所，我们所有人都必须引导我们自己的创新生态系统。在我们创造的空间里，我们应该通过我们选择的群体引导这种创新生态系统。由于你的大脑是由你的生态系统定义的，因此你所在空间的“性格”必然会对你的大脑产生相应的影响。

我们已经知道了创新生态系统的组成。现在，我们需要在我们认为合适的地方亲自创造出一个（或多个）创新生态系统。我们的工作可以成为实验对象。我们的家庭可以成为实验对象。爱可以成为实验对象。我们的爱好可以成为实验对象。就连我们最普通的日常生活也可以成为实验对象。它们都是生态系统，因为它们都是由包括我们在内的不同部分之间的相互作用定义的。不过，这些空间本质上不一定具有创新性，尤其是当它们喜欢遵循“否定物理学”时。我们需要为它们赋予创新性。现在，我希望你能够理解这件事对于充实生活的重要意义：这样做可以丰富你的大脑，使你的感知开启新的可能性，从而提高你的人生质量。

新的开始

本书的写作目的

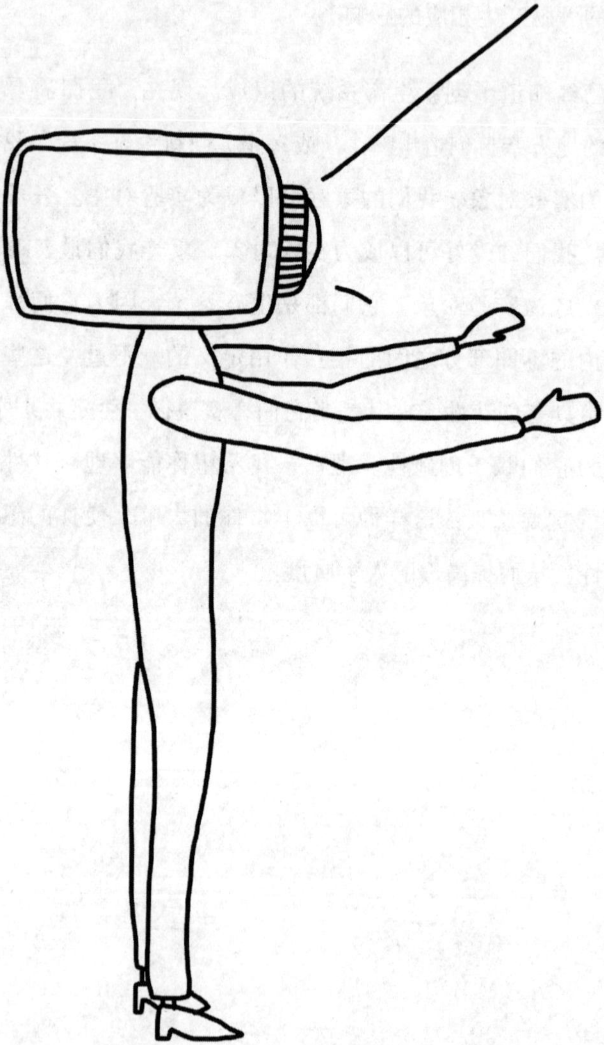

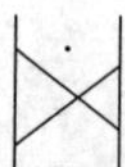

我写作
本书的目的是，
我希望你在读完这本书
后知道的东西少于你之前认为
自己知道的东西。我希望在最深的
层次上……在你所感知的现实的层次上……
培养勇敢的怀疑。通过让读者和作者共同参与同
一个创造全新感知历史的过程，我希望创造出未来的
新感知。我的大脑现在拥有的反射弧和我开始写作此书时拥
有的反射弧是不同的，你应该也是如此，因为你已经读完了这本书
(尽管这些新的反射弧不一定是我希望创造的反射弧)。从现在开始，
在基于大脑的、对于我们行为和身份原因的理解上，我们拥有了共
同的起点。这不应该导向一种新的、固定的存在方式。世界处于
变化之中，曾经有用的事物可能会发生变化，这种变化甚至可
能发生在明天。因此，我希望这个起点导向新的、具有可
塑性的存在方式（就像大脑一样）。在这种存在方式中，
你总是可以看到自己的观察过程。你的大脑允许你
同时拥有多重现实。通过这种看似神奇的能
力，你可以用感知重塑感知。通过将
合理意图引入这个过程，你可
以认识到，你在观察
自己“看到不同”
的状态。

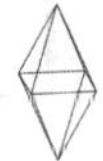

因为我们现在知道，我们的感知使我们能够以有用的方式经历我们在世界上的生活。这种惊人的能力来自几千万年的进化、多年的发展以及长时间试验和（尤其是）犯错的学习（因为生命形式来自失败而非成功）。在我们体验外部事物时，我们大脑内部的具体感知使我们感觉自己看到了现实，尽管我们现在知道，我们的感知本身不是现实。你所看到的一切只存在于一个地方，即你的脑袋里。你所经历的一切发生在你的大脑和身体里，它们是在“中间地带”构建的，来自你和你的他人世界之间相互作用的生态系统，以及你和你自己的世界之间的空间。

你不会具有这样的感觉，因为我们把产生于中间地带的（即来自事物之间相互作用的）感知投射到了外部事物之上。因此，一个红色平面看上去也许在你面前一米远的地方，但它实际上离你很近……这个红色平面位于你的身体里。我们的眼睛和其他所有感官似乎和我们大脑的其余部分共同组成了一个视频投影仪。外部世界实际上只是我们的三维屏幕。我们的感受器会接收没有意义的信息；接着，我们的大脑通过与世界的相互作用破译出这种信息的过往意义，并将我们主观版本的颜色、形状和距离投射到事物上。从这种意义上说，柏拉图和其他古希腊人提出的视觉发射理论更加接近形而上的真理，这种理论认为我们通过眼睛发出的光束观看事物。

我们的感知会为我们的感知提供反馈，形成一种自我强化叙述，尽管这种叙述对于生存来说是有效的，而且使生活成为可能。你现在感知到的事物是你到目前为止的感知历史的结果。当你感知到它时，这种感知立刻变成了你的“未来之过去”的一部分，从而在你未来的观察中发挥作用。所以，自由意志主要不是存在于现在，而是存在于为了改变未来反射性感知而对过往感知的重新定义。所有这些意义（包括我们自己和他人的意义）被投射到世界上，正如我们将各种特点投射到水、平面和其他事物上，并且认为这些事物在不同背景下具有不同意义。当然，当这个事物是人时，这是一个更加复杂的过程，甚至是自然界最复杂的过程。你的大脑只能感受到他们的刺激（他们的声音，他们的反射光，他们的运动），不能感受到他们的自我意义或他们感受到的你的意义，因为你永远无法进入他们的大脑。

相反，我们将我们感受到的一切投射到世界上，包括他人的世界：他们的美、他们的情绪、他们的性格、他们的希望以及他们的恐惧。这不是哲学观点，而是一种科学解释。我希望这种解释能够从根本上改变你观察自己和他人的思想和行为方式。虽然你对于他人的感知基于你和他们的相互作用，但你的感知仍然发生在你的内部，尽管它们来自你和他们之间的辩证空间。这意味着他们的性格实际上是由你的性格转换而来的。他们的恐惧是由你的恐惧转换而来的。

不过，人们的确是客观存在的……只是这种存在永远不是为了我们。类似地，他人对你的感知也是如此。你也是由他人创造出来的。你包含了你所感知到的他人的一切性格、恐惧和颜色。

我们感觉自己与其他人的联系非常密切，我们与其他人的联系的确非常密切，因此当我们知道他们只是我们大脑和身体虚构出来的事物时，我们会感到恐惧，甚至可能感到有些粗俗。所以，当我爱上他人或者与他人度过深刻或有意义的经历时，这真的是我们大脑里的一个梦吗（就像《黑客帝国》那样）？从某种意义上说，答案是肯定的。不过，和物体表面一样，世界上的人也是一种客观恒定，这种恒定超越了大脑必须解读的人们的模糊性。

这就是他们的“为什么”。

在具有内在不确定性的人生中，当我们寻找确定性时，我们常常试图在其他人以及我们自己身上找到不变的事物。类似地，我们会寻找物体的不变特性，比如反射特性（色觉领域称之为“颜色恒常性”）。我们实际上是在寻找人们的恒定性格，以便预测他们的行为。我们通过预测感到熟悉，通过熟悉感到安全，因为进化中的预测意味着生存。在安全状态下，我们可以主动暴露自己的脆弱性，从而创造信任，使我们感受爱与被爱。我们试图在他人身上触摸到的可能就是这种恒定，这种偏离平均水平的难以捕捉的恒定……我们可以将其称为他们的灵魂。不过，他们拥有的这种恒定不是一种规范事物……而是他们的个人偏差。

我们感受到的同他人的联系是我们的投影相互作用的方式。所

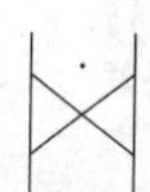

以，我们需要教导孩子（以及相互教导）的是倾听时为了听到不同而“停下来”的能力，这不仅适用于冲突，也适用于其他所有情形。**倾听意味着减少我们投射到世界上的答案。它可以引入提问的可能性，即通过提问将我的观念映射到你的观念上的可能性，此时我们会感到“相互联系”。**或者，它可以揭示我们的观念冲突，使我们的可能性空间有机会受到不同可能性空间的影响和丰富。充分接纳他人性格的阻碍常常是我们没有意识到自己的性格，因为我们的主要印象是，我们看到、听到和知道的是真实的世界。事实并非如此。我希望这一点能够激发人们的同情心。实际上，我写作本书的主要动机一直是通过科学的理解激发人们的同情心，从而创造出用同情心（和谦虚）与勇气共同成就伟大事物的可能性。

通过理解思想、感觉和信念与一个人的物理、社会和文化生态系统的内在关系，你可以更好地理解个体内部和个体之间和谐和冲突的来源。通过重新认识我们的社区塑造我们的过程，通过改变我们过往经历的意义，我们可以感受到更加强烈的怀疑意识，并由此形成归属感和相互联系的感觉……从而获得勇气以及对于自己和周围一切人和事物的尊重。社区的概念鼓励我们变得更加谦虚，因为它说明我们所有人都是由集体生态系统定义的。所以，请好好选择这个生态系统，因为你的大脑会适应它。

实际上，你已经知道了我们自身行为的原因，所以不带着怀疑进入冲突意味着带着无知进入冲突，因为聪明意味着不去重复相同的行为，以便获得不同结果。“看到自己看到不同”的核心是勇于占据不确定空间的合理理由。当我的女儿赞纳小时候对我说她不敢到

舞台上跳舞时；当我的儿子米莎和西奥进入新的运动队时；当伊莎贝尔在刚果热带丛林里追踪倭黑猩猩时；当我的母亲放下家里的5个孩子前往护理学院时；当我的父亲在缺乏支持的情况下创办自己的企业时；当我耳聋的曾祖母独自漂洋过海、前往未知世界时……我的天哪，这是一组多么“糟糕”的想法。所以，我完全赞同他们的想法。这很可怕，而且这种害怕是有道理的。本书的写作也很可怕。做任何可能彻底失败的事情都很可怕。这种失败越公开，恐惧就越强烈，因为我们进化出的“社交大脑”使我们拥有了归属的需要。因此，客观而言，踏上可能导致失败的道路不是一个好主意。当你周围的一切都很好时，你为什么要去看山的那一边呢？这是一个极为糟糕的想法，因为（别忘了）在世界上，死亡的方式比生存要多。不过，还记得那些离开鱼群、为了寻找食物而承担一切风险的具有病态勇气的鱼吗？

我们每个人的身体里都住着各种“鱼”。所以，听到伊莎贝尔在热带丛林里的故事，看到我的孩子在巨大的失败可能性面前开始新的经历……我感到自己很受鼓舞。我们还可以在那些保持开放心态的老人身上获得巨大的鼓舞。年轻人做一件可能失败的事情或者20几岁的硅谷人“在失败中前进”是一回事。相对而言，他们不可能失去太多（尽管他们可能会有相反的感觉）。不过，当你经历了人生，经历了真正的失败，拥有对于其他许多人的责任，知道失败实实在在的代价，但却仍然奋不顾身地进入不确定世界时，这是一种真正的壮举。这是实实在在的鼓励。我们都认识这样的老家伙。对我来说，一个很好的个人例子是约西·瓦尔迪（Yossi Vardi），他是以色

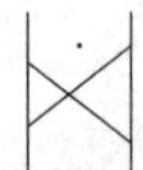

列顶级科技投资者之一……但他的身份远不止于此。他将全世界感兴趣的人和有趣的人聚集在他那极具游戏性质的基纳网会议上，或者聚集在他所支持的面向贫困儿童的学校里；前者是一个挑战观念的创新生态系统，后者挑战了政府现状，甚至挑战了年龄观念。75岁左右的瓦尔迪是火人节上最受人喜爱的宾客之一，这就是证据。不过，我们常常远离和他一样年纪的人，有时是因为他们向我们揭示了我们自己的观念和偏见，甚至是我们的性格。不过，如果我们愿意倾听他们，他们常常可以帮助我们有效地偏离常规。

研究表明，在谈论幸福感时，我们很难忽视“给予”的神经效果。这并不是说一切行为都是无私的。事实恰恰相反，因为大部分行为的直接目标是提高我们自己的价值感，这是一种深刻的神经需要。我在这本书中说过，我们的几乎所有感知、观念和行为都与不确定性存在某种联系……有时是靠近它，但更多时候是远离它。因此，更加深刻的问题是，一个人在自身价值的基础上为他人增加了多少价值。我们在这件事上拥有选择权吗？如果我们在当下没有自由意志……因为我们现在的行为是基于意义历史的反射，这意味着自由意志与当下完全无关。自由意志指的是创造新的未来的过去。通过选择改变过往经历的意义，你可以改变过去意义的统计信息，从而改变未来的反射性反应。你可以改变你能够做到的事情。

感知科学可以使你成为自身感知的观察者。这样一来，你会有意识地不断偏离常规，以便发现值得提出的问题，这些问题可能改变我们的世界……也可能改变不了世界。

欢迎来到另类实验室。

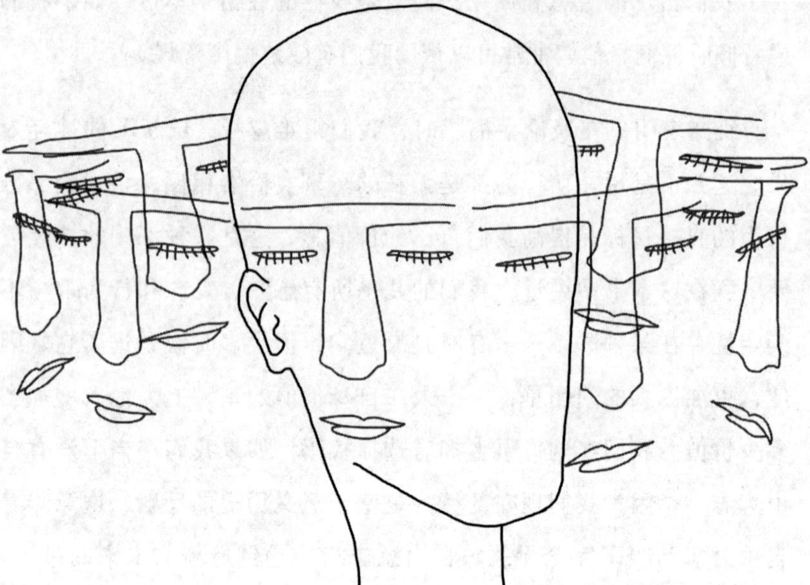

注释

1. Rishi Iyengar, "The Dress That Broke the Internet, and the Woman Who Started It All," *Time Magazine*, Feburary 27, 2015, accessed March 3, 2015, http://time.com/3725628/the-dress-caitlin-mcneill-post-tumblr-viral/
2. Terrence McCoy, "The Inside Story of the 'White Dress, Blue Dress' Drama That Divided a Planet," *The Washington Post*, February 27, 2015, accessed March 3, 2015, http://www.washingtonpost.com/news/morning-mix/wp/2015/02/27/the-inside-story-of-the-white-dress-blue-dress-drama-that-divided-a-nation/
3. The three articles: Karl R. Gegenfurtner et al., "The Many Colours of 'The Dress,'" *Current Biology* 25 (2015): 543–44; Rosa Lafer-Sousa et al., "Striking Individual Differences in Color Perception Uncovered by 'The Dress' Photograph," *Current Biology* 25 (2015): 545–46; Alissa D. Winkler et al., "Asymmetries in Blue–Yellow Color Perception and in the Color of 'The Dress,'" *Current Biology* 25 (2015): 547–48.
4. This and following three quotes taken from George Henry Lewes, *The Life of Goethe* (London: Smith, Elder, and Co., 1864), 98, 37, 33, 281.
5. Dennis L. Sepper, "Goethe and the Poetics of Science," *Janus Head* 8 (2005): 207–27.
6. Dennis L. Sepper, *Goethe Contra Newton: Polemics and the Project for a New Science of Color* (Cambridge: Cambridge University Press: 2003).

7. Dennis Sepper, email messages, November 11, 2014–November 14, 2014.
8. Johann Wolfgang von Goethe, *Theory of Colors* (London: John Murray, 1840), 196.
9. Johann Wolfgang von Goethe, *Faust* (New York: P. F. Collier & Son, 1909), verse 1717.
10. This and other Berkeley quotes taken from: George Berkeley, *A Treatise Concerning the Principles of Human Knowledge* (Project Gutenberg, 2003), Kindle edition.
11. A. A. Luce, *Life of George Berkeley, Bishop of Cloyne* (San Francisco: Greenwood Press, 1949), 189–90.
12. Christopher Hogg et al., "Arctic Reindeer Extend Their Visual Range into the Ultraviolet," *Journal of Experimental Biology* 214 (2011): 2014–19.
13. Tsyr-Huei Chiou et al., "Circular Polarization Vision in a Stomatopod Crustacean," *Current Biology* 18 (2008): 429–34.
14. Aquanetta Gordon, phone conversation, December 17, 2014.
15. Richard Held and Alan Hein, "Movement-Produced Stimulation in the Development of Visually Guided Behavior," *Journal of Comparative and Physiological Psychology* 56 (1953): 872–76.
16. Richard Held, Society for Neuroscience online archive, accessed on December 19, 2014, http://www.sfn.org/~/media/SfN/Documents/TheHistoryofNeuroscience/Volume%206/c5.ashx.
17. Peter König et al., "The Experience of New Sensorimotor Contingencies by Sensory Augmentation," *Conscious and Cognition* 28 (2014): 47–63.
18. Peter König, Skype conversation, December 14, 2014.
19. Nagel et al., "Beyond Sensory Substitution—Learning the Sixth Sense," *Journal of Neural Engineering* 2 (2005): 13–26.
20. Brian T. Gold et al., "Lifelong Bilingualism Maintains Neural Efficiency for Cognitive Control in Aging," *The Journal of Neuroscience* 33 (2013): 387–96.
21. Dale Purves, *Body and Brain: A Trophic Theory of Neural Connection* (Harvard College: Harvard University Press, 1988).
22. David J. Price and R. Beau Lotto, "Influences of the Thalamus on the Survival of Subplate and Cortical Plate Cells in Cultured

Embryonic Mouse Brain," *The Journal of Neuroscience* 16 (1996): 3247–55.

23. Marian C. Diamond, "Response of the Brain to Enrichment," *Anais da Academia Brasileira de Ciencias* 73, no. 2 (2001).
24. Seth D. Pollak et al., "Neurodevelopmental Effects of Early Deprivation in Post-Institutionalized Children," *Child Development* 81 (2010): 224–36.
25. Peter Hill, *Stravinsky: The Rite of Spring* (Cambridge: Cambridge University Press, 2000), 30, 93, 95.
26. Jonathan Winawar et al., "Russian Blues Reveal Effects of Language On Color Discrimination," *Proceedings of the National Academy of Sciences of the United States of America* 104 (2007): 7780-85.
27. Abby d'Arcy, "The blind breast cancer detectors," *BBC News Magazine*, Feburary 23, 2015, accessed Feburary 27, 2015, http: / / www. bbc.com / news / magazine-31552562.
28. Mary Hollingsworth, *Art in World History* (Florence: Giunti, 2003), 314.
29. Theresa Levitt, *The Shadow of Enlightenment: Optical and Political Transparency in France* (Oxford: Oxford Univeristy Press, 2009), 64.
30. Henry Marshall Leicester and Herbert S. Klickstein, eds., *A Source Book in Chemistry* (New York: McGraw-Hill, 1952), 287.
31. E. L. and W. J. Youmans, *The Popular Science Monthly* (New York: D. Appleton and Company, 1885), 548–52.
32. Michel Eugène Chevreul, *The Laws of Contrast of Color* (London: G. Routledge and Co., 1857).
33. https: / / www.youtube.com / watch?v=WlEzvdlYRes
34. Michael Brenson, "Malevich's Search for a New Reality," *The New York Times*, September 17, 1990, accessed November 14, 2014, http: / / www.nytimes.com / 1990 / 09 / 17 / arts / review-art-malevich-s-search-for-a-new-reality.html.
35. Aleksandra Shatskikh, *Black Square: Malevich and the Origin of Suprematism* (Yale: Yale University Press, 2012).
36. Herschel B. Chipp, *Theories of Modern Art: A Source Book by Artists and Critics* (Berkeley: University of California Press, 1968), 341.
37. Daniel J. Sherman and Irit Rogoff, eds., *Museum Culture: Histories, Discourses, Spectacles* (Minneapolis: University of Minnesota Press, 1994), 149.

38. Angelica B. Ortiz de Gortari and Mark D. Griffiths, "Auditory Experiences in Game Transfer Phenomena: An Empirical Self-Report Study," *International Journal of Cyber Behavior, Psychology and Learning* 4 (2014): 59–75.
39. Christian Collet et al., "Measuring Motor Imagery Using Psychometric, Behavioral, and Psychophysiological Tools," *Exercise and Sports Sciences Review* 39 (2011): 85–92.
40. Sjoerd de Vries and Theo Mulder, "Motor Imagery and Stroke Rehabilitation: A Critical Discussion," *Journal of Rehabilitation Medicine* 39 (2007): 5–13.
41. Ciro Conversano et al., "Optimism and Its Impact on Mental and Physical Well-Being," *Clinical Practice and Epidemioly in Mental Health* 6 (2010): 25–29.
42. Richard Wiseman, *The Luck Factor* (New York: Hyperion, 2003), 192.
43. Jennifer A. Silvers et al., "Age-Related Differences in Emotional Reactivity, Regulation, and Rejection Sensitivity in Adolescence," *Emotion* 12 (2012): 1235–47.
44. Cordelia Fine, *Delusions of Gender* (New York: W.W. Norton, 2010), xxiii.
45. Nicholas Epley and David Dunning, "Feeling 'Holier Than Thou': Are Self-Serving Assessments Produced by Errors in Self- Or Social Prediction?" *Journal of Personality and Social Psychology* 79 (2000): 861–75.
46. Hajo Adam and Adam D. Galinsky, "Enclothed Cognition," *Journal of Experimental Social Psychology* 48 (2012): 918–25.
47. Árni Kristjánsson and Gianluca Campana, "Where Perception Meets Memory: A Review of Repetition Priming in Visual Search Tasks," *Attention, Perception, & Psychophysics* 72 (2010): 5–18.
48. Hauke Egermann et al., "Is There an Effect of Subliminal Messages in Music on Choice Behavior?" *Journal of Articles in Support of the Null Hypothesis* 4 (2006): 29-46.
49. Michael Mendl et al., "An integrative and functional framework for the study of animal emotion and mood," *Proceedings of the Royal Society: Biological Sciences* 277 (2010): 2895–904.
50. Wolfgang Schleidt et al., "The Hawk/Goose Story: The Classical Ethological Experiments of Lorenz and Tinbergen, Revisited,"

Journal of Comparative Psychology 125 (2011): 121–33.

51. Vanessa LoBue and Judy S. DeLoache, "Detecting the Snake in the Grass: Attention to Fear Relevant Stimuli by Adults and Young Children," *Psychological Science* 19 (2008): 284–89.
52. Karen E. Adolph et al., "Fear of Heights in Infants?" *Current Directions in Psychological Science* 23 (2014): 60–66.
53. Frank J. Sulloway, *Born to Rebel* (New York: Pantheon, 1996), xiv.
54. A variety of papers by Gustavo Deco et al. have shown that resting-state network activity can be captured as attractor dynamics.
55. Steve Connor, "Intelligent People's Brains Wired Differently to Those with Fewer Intellectual Abilities," *Independent*, September 28, 2005, accessed September 29, 2015, http://www.independent.co.uk/news/science/intelligent-peoples-brains-wired-differently-to-those-with-fewer-intellectual-abilities-says-study-a6670441.html.
56. Suzana Herculano-Houzel and Roberto Lent, "Isotropic Fractionator: A Simple, Rapid Method for the Quantification of Total Cell and Neuron Numbers in the Brain," *The Journal of Neuroscience* 25 (2005): 2518–21.
57. Colin Freeman, "Did This Doctor Save Nigeria from Ebola?" *The Telegraph*, October 20, 2015, accessed November 27, 2015, http://www.telegraph.co.uk/news/worldnews/11174750/Did-this-doctor-save-Nigeria-from-Ebola.html.
58. Klucharev et al., "Reinforcement Learning Signal Predicts Social Conformity," *Neuron* 61 (2009): 140–51.
59. This claim has been made by Robert Sapolsky in several contexts.
60. Benjamin Libet et al., "Time of Conscious Intention to Act in Relation to Onset of Cerebral Activity (Readiness-Potential): The Unconscious Initiation of a Freely Voluntary Act," *Brain* 106 (1983): 623–42.
61. The four subsequent quotes come from Milan Kundera, *The Joke* (New York: HarperCollins, 1992), 31, 34, 317, 288.
62. Christian Salmon, "Milan Kundera, The Art of Fiction No. 81," *The Paris Review*, accessed August 21, 2014, http://www.theparisreview.org/interviews/2977/the-art-of-fiction-no-81-milan-kundera.
63. George Orwell, "Funny, But Not Vulgar," *Leader*, July 28, 1945.
64. This telling of the Rosetta Stone is drawn from Andrew Robinson, *Cracking the Egyptian Code: The Revolutionary Life of Jean-Francois*

Champollion (New York: Oxford University Press, 2012), Kindle edition; Simon Singh, *The Code Book* (New York: Anchor, 2000), 205–14; and Roy and Lesley Adkins, email messages, January 27, 2015.

65. Bruce Hood, *The Self Illusion* (New York: Oxford University Press, 2012), xi.
66. Robb B. Rutledge et al., "A Computational and Neural Model of Momentary Subjective Well-being," *Proceedings of the National Academy of Sciences* 111 (2014): 12252–57.
67. Ian McGregor et al., "Compensatory Conviction in the Face of Personal Uncertainty: Going to Extremes and Being Oneself," *Journal of Personality and Social Psychology* 80 (2001): 472–88.
68. Katherine W. Phillips, "How Diversity Makes Us Smarter," *Scientific American* (October 1, 2014), accessed October 20, 2015, http://www.scientificamerican.com/article/how-diversity-makes-us-smarter/
69. Frédéric C. Godart et al., "Fashion with a Foreign Flair: Professional Experiences Abroad Facilitate the Creative Innovations of Organizations," *Academy of Management Journal* 58 (2015): 195–220.
70. Paul Theroux, *The Tao of Travel: Enlightenments from Lives on the Road* (New York: Houghton Mifflin Harcourt, 2011), ix.
71. Paul Theroux, *Ghost Train to the Eastern Star* (New York: Houghton Mifflin Harcourt, 2008), 88.
72. Robert Sapolsky, *A Primate's Memoir: A Neuroscientist's Unconventional Life among the Baboons* (New York: Touchstone, 2001), 104.
73. Michael David et al., "Phasic vs. Sustained Fear in Rats and Humans: Role of the Extended Amygdala in Fear vs. Anxiety," *Neuropsychopharmacology* 35 (2010): 105–35.
74. Jennifer Lerner et al., "Fear, Anger, and Risk," *Journal of Personality and Social Psychology* 81 (2001): 146–59.
75. Rachel Nuwer, "Will Religion Ever Disappear?" BBC, December 19, 2014, accessed December 20, 2014, http://www.bbc.com/future/story/20141219-will-religion-ever-disappear.
76. John M. Gottman and Nan Silver, *The Seven Principles for Making Marriage Work* (New York: Random House, 1999).
77. Sara Lazar et al., "Mindfulness Practice Leads to Increases in Regional Brain Gray Matter Density," *Psychiatry Research: Neuroimaging* 191 (2011): 36–43.

78. M. Xue et al., "Equalizing Excitation-Inhibition Ratios across Visual Cortical Neurons," *Nature* 511 (2014): 596–600.
79. Chris Parr, "Imperial College London to 'Review Procedures' after Death of Academic," *Times Higher Education*, November 27, 2014, accessed February 28, 2014, http://www.timeshighereducation.co.uk/news/imperial-college-london-to-review-procedures-after-death-of-academic/2017188.article.
80. Harry Jerison, *Evolution of the Brain and Intelligence* (New York: Academic Press, 1973), 158.
81. Leander Kahney, *Jony Ive: The Genius behind Apple's Greatest Products* (New York: Penguin, 2013).
82. Wendy Joung et al., "Using 'War Stories' to Train for Adaptive Performance: Is It Better to Learn from Error or Success?" *Applied Psychology* 55 (2006): 282–302.
83. Megan Feldman Bettencourt, "The Science of Forgiveness," *Salon*, August 23, 2015, accessed July 24, 2015, http://www.salon.com/2015/08/24/the_science_of_forgiveness_when_you_dont_forgive_you_release_all_the_chemicals_of_the_stress_response/
84. Anna Steidle and Lioba Werth, "Freedom from Constraints: Darkness and Dim Illumination Promote Creativity," *Journal of Environmental Psychology* 35 (2013): 67–80.
85. Joan Meyers-Levy and Zhu Rui, "The Influence of Ceiling Height: The Effect of Priming on the Type of Processing That People Use," *Journal of Consumer Research* 34 (2007): 174–86.
86. Marc Roig et al., "A Single Bout of Exercise Improves Motor Memory," *PLoS One* 7 (2012): e44594.

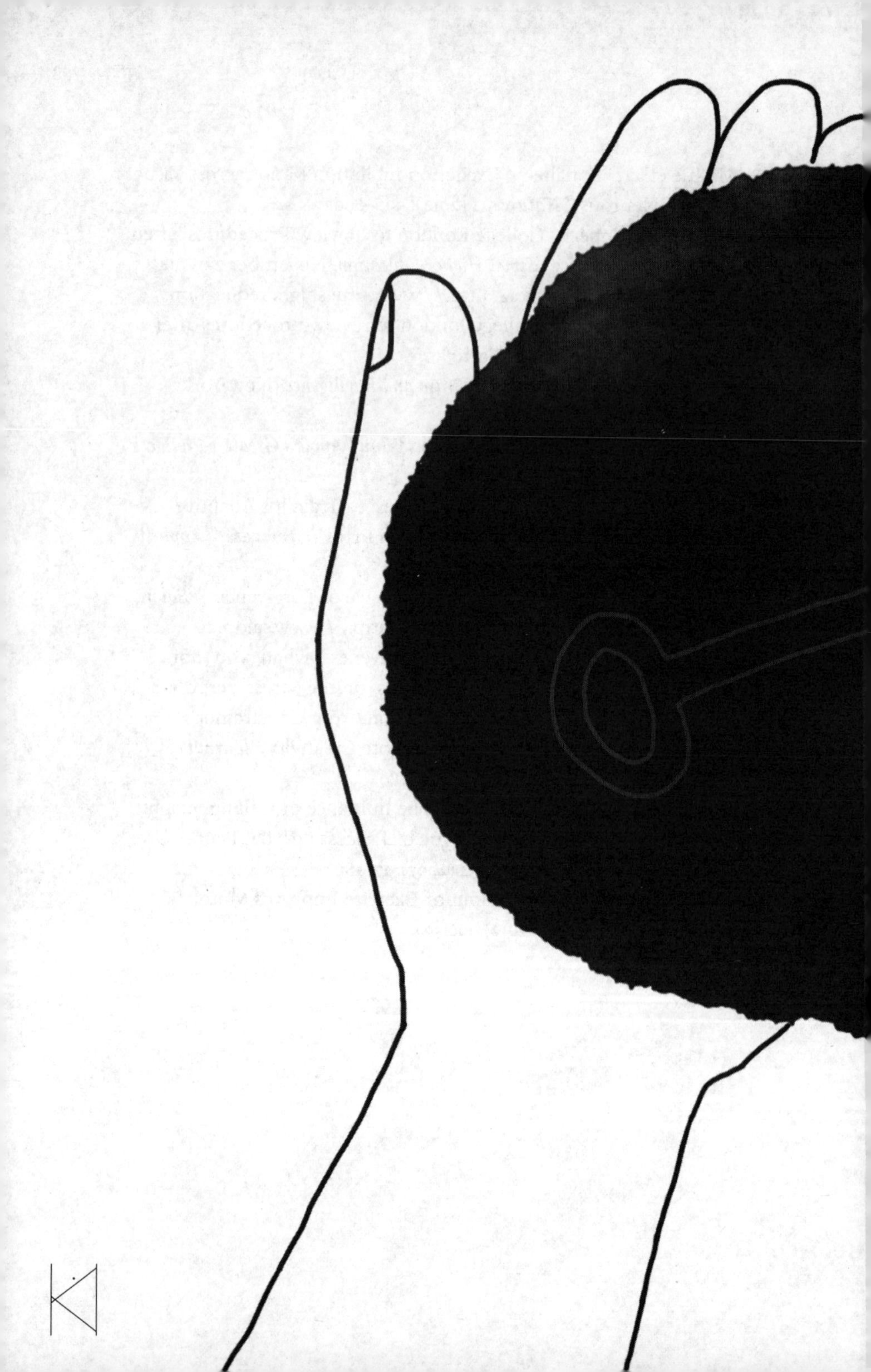

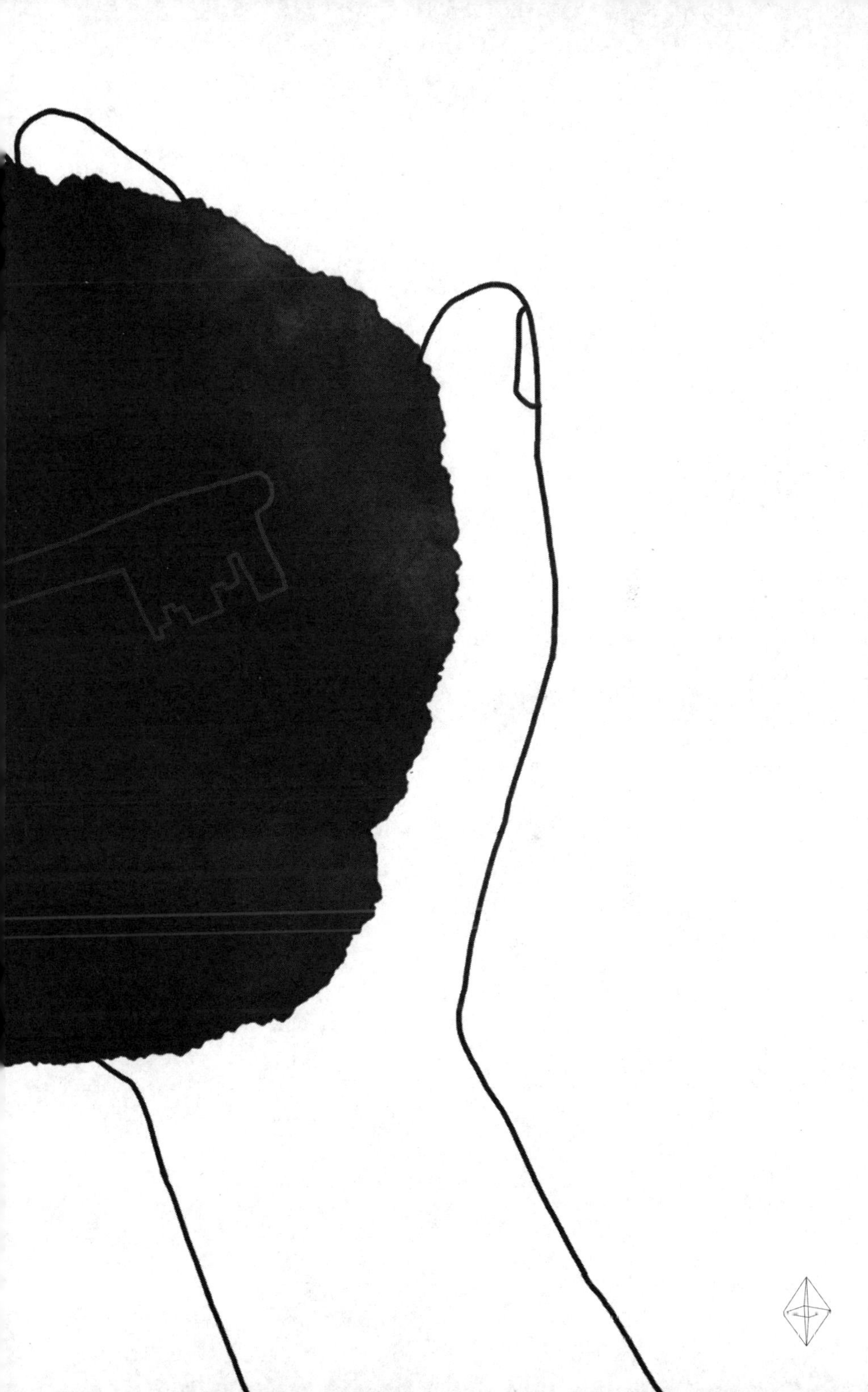

存在即是感知。

——乔治·贝克莱

脑与认知

不存在的人

谷物大脑

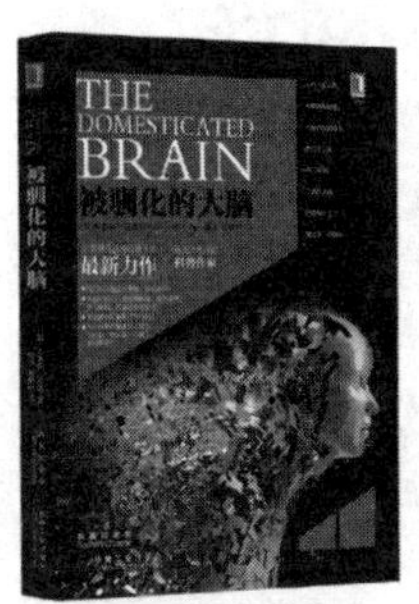
THE DOMESTICATED BRAIN
被驯化的大脑

重塑大脑
重塑人生
The Brain That Changes Itself

心思大开
日常生活的神经科学
Mind Wide Open

上脑与下脑
Top Brain, Bottom Brain

脑内乾坤
Brain Sex

元认知
改变大脑的顽固思维
Brain Changer

唤醒大脑
The Brain's Way of Healing

神秘的脑

大脑也有奇怪的习惯

作者：池谷裕二 ISBN：978-7-111-48985-6 定价：35.00元

放空一下，大脑更有活力

作者：申东媛 ISBN：978-7-111-48568-1 定价：69.00元

自私：生命的游戏

作者：弗兰克・施尔玛赫 ISBN：978-7-111-47702-0 定价：69.00元

PHI：从脑到灵魂的旅行

作者：朱利奥・托诺尼 ISBN：978-7-111-48572-8 定价：69.00元

贪婪的大脑：为何人类会无止境地寻求意义

作者：丹尼尔・博尔 ISBN：978-7-111-44310-0 定价：39.00元

神经科学原理（英文版・原书第5版）（上下册）

作者：埃里克 R. 坎德尔 ISBN：978-7-111-43081-0 定价：299.00元